新型过渡金属超导体电子结构与性质研究

杨 阳 著

合肥工業大學出版社

前　言

　　超导机理的研究一直是凝聚态物理领域一个充满活力的重大课题。它的实际应用也已逐步发展成为一定规模的实用技术，并在能源、工业、交通、医疗、航天、国防和科学实验等领域都有其独特和不可替代的优势。高温超导体和其他非常规超导体的发现不断激发人们极大的研究热情。对于超导体的研究，人们一方面寻求新的超导材料特别是非常规超导体；另一方面，人们不断致力于对超导机制和配对形式的研究。近年来，一些新的超导材料不断涌现，对超导体特别是非常规超导体的理论研究也方兴未艾。目前二维材料超导电性的相关研究已逐步发展，二维超导体的超导转变温度、临界磁场等参量与相应体材料的参量存在显著差异。考虑到高温超导体均为准二维的层状材料以及电子器件的发热问题已成为制约集成电路进一步发展的瓶颈，二维极限下超导的研究不仅有望发现新的物理现象或规律，也对揭示高温超导机理、探索新的高温超导体、发展新一代无耗散电子器件和低耗散集成电路起着重要作用。

　　本书基于作者在非常规超导体的多年研究经验并吸收了其他学者工作撰写而成，条理清晰，内容丰富新颖，是一本值得学习研究的著作。作者运用 DFT 和奇异模泛函重整化群(SMFRG)方法研究了几种不同的超导体，并结合实验现象对计算结果进行了相应的分析和论述。本书主要内容包括：超导历史及研究方法简介，BiS_2 基超导体超导机理的研究，掺杂 Sr_2IrO_4 超导机理和配对对称性研究，Sr_2RuO_4 三轨道模型的理论研究，"11"体系铁基超导体电子结构及超导电性研究，二维过渡金属化合物电子结构及超导相探索、几种特殊结构过渡金属化合物的电子结构研究等。

　　尽管作者在编写过程尽心尽力，但由于水平和精力有限，书中难免存在疏漏和不足，恳请读者批评指正。

目　　录

第 1 章   超导历史及研究方法简介

1.1   超导简介

1.1.1   超导的基本现象与发展历史

1908 年,人们通过氦气液化实验获得了人造液态氦的低温条件(4.2K)。接着,1911 年,荷兰物理学家昂内斯(Onnes)发现,在液氦低温条件下,水银的电阻突然下降到它在 0℃时电阻值的百万分之一,解开了超导研究的序幕。自超导电性发现以来,人们对超导机理的探索和研究一直持续至今。历史上人们对于超导现象的理解曾有过两种不同的观点:一部分人认为超导和超流的机制是一致的,它们的产生与介质的性质无主要关联,在液氦中范德瓦尔斯力是产生超导的原因,因此在金属中应该是集体库仑力产生了超导,物质和晶格在集体运动中不起主要作用(海森堡坚持这种观点并提出了他的电子间相互作用的超导理论);而另一部分人认为尽管范德瓦尔斯力对获得无阻的凝聚相极为重要,但任何宏观流一定是亚稳态的,不是永久的。刚体的集体运动并不意味着无电阻运动,除非微观流本身是能量最低的基态。如果流动是借助于环境,即固体晶格共同维持永久流动,则无阻流动是可能的,这即是超导电性,流动可以维持无限长时间。

超导理论的理解需要结合超导实验现象。超导体有两个基本特征,分别为零电阻和完全排磁通性。零电阻现象是超导体处于超导时的电学性质;完全排磁通性又称为迈斯纳效应,是超导体处于超导态时的磁学性质。低温状态下某些物质电阻突然消失的现象称为超导电性的零电阻现象。如最初发现水银当温度降低到 4.2K 以下时电阻突然消失。超导体典型的电阻 ρ 与温度 T 的实验关系如图 1−1 所示,同正常金属相比,当温度降低到特定的临界点 T_c 时电阻陡降为零。在元素、化合物和合金中已发现了大量物质具有上述零电阻现象。T_c 称为临界温度,它是超导临界参量之一。超导体零电阻也有不是陡降的反常情况,此时存在电阻转变宽度 ΔT_c。

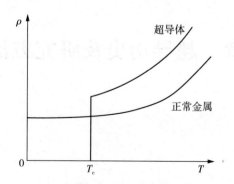

图 1-1　超导体典型的电阻 ρ 与温度 T 的实验关系

1933 年,W. Meissner 和 R. Ochsenfeld 发现了超导体的完全抗磁性,即磁感线不能进入超导体内部,如图 1-2 所示,后来也被称为迈斯纳效应。产生迈斯纳效应的原因可以这样简单理解,即由于外磁场在处于超导态的物体表面产生感应电流,此电流所经路径电阻为零,故它所产生的附加磁场总是与外磁场大小相等、方向相反,因而使超导体内的合成磁场为零。由于此感应电流能将外磁场从超导体内挤出,故被称为磁抗感应电流,又因其能起着屏蔽磁场的作用,故被称为屏蔽电流。

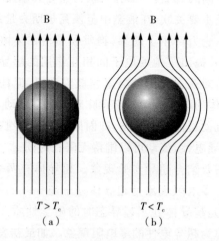

图 1-2　正常金属(a)与处在超导态的超导体(b)在外磁场下的磁感应线示意图

如果说零电阻现象是超导体处于超导状态时的电学性质,那么迈斯纳效应则是超导体处于超导态的磁学性质。仅从超导体的零电阻现象出发,得不到迈斯纳效应。同样,用迈斯纳效应也不能描述零电阻现象。两者是超导体两个独立的物理特性,要判断一个物体是不是超导体,需要看这个物体是否同时满足这两个特征。迈斯纳效应确认了超导态其实是一种量子现象。超导体的零电阻和迈斯纳效应是超导体的两个基本特征,它们可以通过 London 方程结合 Maxwell 方程来描述。London 方程意味着超导的出现破坏了规范对称性,预示着超导是一种规范破缺形成的量子态。另外实验上测得超导转变伴随着比热发生突变,证明了超导其实是一个二级相变过程。1950 年,Ginzburg 和 Landau 基于超导的二级相变提出了用序参量来描述超导的唯象理论,成功解释了超导体中一系列宏观的现象。

而超导的微观理论解释直到 1957 年才被正式建立,这就是著名的 BCS 理论。J. Bardeen 等人基于金属超导体里的同位素效应提出格点的振动(声子)使得两个电子之间产生相互吸引作用形成库珀对,而库珀对进一步发生玻色-爱因斯坦凝聚就形成了超导态。BCS 实质上是一种平均场理论,它被 Bogoliubov 进一步推广到实空间发展成为 Bogoljubov – deGennes 理论。BCS 理论能够解释超导里很多实验现象。人们把能用 BCS 理论描述这一类的电声子超导体称为常规超导体。

人们发现 BCS 理论虽然能够适用大部分超导体,但一些超导体如重费米子超导体和有机超导体无法用 BCS 理论来描述。这些不能用 BCS 理论解释的超导体被称为非常规超导体。早期的非常规超导体的超导转变温度较低,并没有引起广泛关注,直到铜氧化物的发现才使非常规超导的研究发生了革命性的突破。1986 年,J. G. Bednorz 等人通过在 La – Ba – Cu – O 中掺入空穴,首次发现了超导温度可突破麦克米兰极限。大量的铜氧化物相继被发现,引起人们对高温超导研究的广泛兴趣,短短几年内超导的转变温度就被提高至常压下 134K 和高压下 164K。铜氧化物高温超导体的发现还引发了人们寻找新的非常规超导材料的热潮。

铜氧化物高温超导体发现后,一段时间内人们并没有再发现另一大类高温超导材料。这种情况到 21 世纪初才得到转变。2008 年,日本的 Hideo Hosono 小组发现铁基层状材料 LaOFeAs 并通过掺 F 替换 O 成功得到了超导转变温度达到 26K 的超导材料 $LaO_{1-x}F_xFeAs$。接下来一系列铁基超导体被相继发现,主要分为“1111”体系、“122”体系、“111”体系、“11”体系四大类。到目前为止,在铁基超导里已经实现了 100K 以上的超导转变温度。铁基超导体已经成为高温超导中庞大而且重要的一支。对比铁基超导体和铜氧化物高温超导体,我们发现它们具有一些共有的特征,比如低维层状结构、绝缘(坏金属)-金属边界、电子关联还有磁性和超导的关系等,这些都给予我们寻找新的高温材料和研究其超导机理以启发。

据不完全统计,目前为止人类发现的无机化合物大约有 15 万种,其中属于超导体的有 2 万多种。可见,超导现象是普遍存在于各类材料之中的,包括金属单质、合金、金属间化合物、过渡金属与非金属化合物、有机材料、纳米材料等多种形态。科学家甚至有一个信念就是只要温度足够低或者压力足够大,任何材料都可以成为超导体。例如我们熟知的导电最好的金属金、银、铜等,它们就尚且不是超导体,根据 BCS 理论推算,超导温度可能在 10^{-5} K 以下,目前电磁输运实验测量手段是无法达到的。而金属氢的存在和可能的室温超导,至今仍然没有完全确认。图 1-3 给出了超导材料被发现的时间轴,我们可以从中回顾它的发展历程。

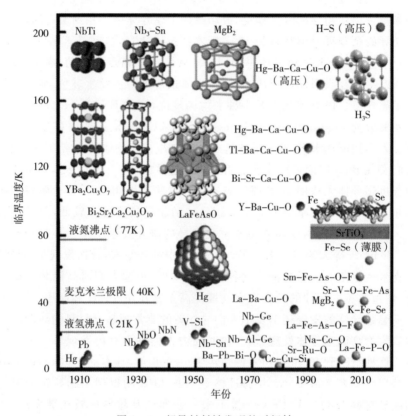

图 1-3 超导材料被发现的时间轴

人们除了寻找新的非常规超导材料外,一直在进行非常规超导配对机制等方面的理论研究。不同于电声子超导体,非常规超导体中超导机理一直没有达成共识,人们做了许多探讨和设想,提出了种种理论,包括自旋涨落理论、RVB 理论、边缘费米液体理论和 SO(5) 等。近年来在铁基超导领域突破性的研究使得自旋涨落理论越来越被大家认可,也解释了实验上发现的一些现象。自旋涨落模型认为电子间交换自旋涨落而形成了吸引相互作用。在铜氧类高温超导体中,自旋涨落是局域的反铁磁有序态的形式存在,而在铁基超导体中一般认为是以巡游性的自旋密度波(SDW)的形式存在。这种理论是 BCS 理论的修正补充,它只能定性地解释高温超导的机理,还需要进一步完善和发展。

1.1.2　超导应用的未来前景

相对于半导体而言,超导材料的应用十分滞后。在半导体芯片统治了如今电子世界的时候,我们却从未见到过一件"超导家电",原因在于尚未寻找到如同硅那样合适的超导材料。对于一个超导体而言,需要在临界温度、临界磁场和临界电流密度均非常高的前提下,才能适用于大电流、强磁场、无损耗的超导强电应用,同时材料本身的微观缺陷、力学性能、机械加工能力等也极大地影响了产品化的进程。对于弱电应用来说,则需要纯度极高、加工简单、成本低廉、品质优越的超导材料。已有的超导材料,各自都有它的应用局限:超导磁体大都采用易于加工的铌钛合金,但临界温度和上临界场都太低;超导器件大都采用易于镀膜和加工的纯金属铌,但临界温度和品质因子都不能满足一些特殊需求;许多超导器件需要持续在低温环境下运行,即使材料本身成本不高,但是维持低温的高昂费用却是难以承受的。

超导应用目前最成功的是超导磁体和超导微波器件等,但应用也极为有限。医院里的核磁共振成像大都采用超导磁体,其磁场一直存在于线圈中,所以进入检测室需要摘除所有金属物件。基础科学研究采用的稳恒强磁场、大型加速器磁体、高能粒子探测器以及工业中采用的磁力选矿和污水处理等,也利用了场强高的超导磁体。发展更高分辨率的核磁共振、磁约束的人工可控核聚变、超级粒子对撞机等,都必须依赖强度更高的超导磁体,这也是未来技术的可能突破口。超导微波器件在一些军事和民用领域都已经走向成熟甚至是商业化了,为信息爆炸的今天提供了非常有效的通信保障。

我们仍然要抱有乐观的态度,坚信随着超导材料、机理和技术的发展,更多的超导电力、磁体、器件必然将在未来逐步走进人们的生活,甚至带来翻天覆地的变化。可以想象,如果超导磁悬浮的技术成熟且成本降低,或许高铁将来会换成时速500km/h 以上的超导磁悬浮高速列车,交通会更加便捷。随着超导量子比特技术的迅猛发展,更强更大的量子计算在不久的将来会得到更多的应用。如果参照半导体计算机的发展模式的话,或许用不了几十年,就有可能人人用上量子手机,在人工智能的帮助下,高效完成所有的工作和生活事务。超导可控核聚变发动机的成功研制,或许可以为未来的超级宇宙飞船提供源源不断的动力,帮助人类在太空中持续飞行数百年,去寻找下一个合适的家园。新一代的科技革命,正在新材料、新机理、新器件的推动下加速到来。超导的研究,机遇与挑战并存,希望总是在路的前方。

1.2　研究方法简介

超导体是由多粒子组成的,多粒子的运动和关联效应往往带来了很多新奇的物理现象。人们为了得到对体系物理性质更系统性的认识常常使用多种方法。对于超导体,为了得到体系电子结构的描述,可以利用密度泛函理论(DFT)。而对于超导机理等低能有序态的微观描述,又可借助于其他考虑电子关联效应的方法,如抓住体系低温下诸多通道失稳信息的奇异模泛函重整化群(SMFRG)。在铁基超导里,人们便通过密度泛函理论成功得到了材料的能带和费米面等电子性质。而当考虑材料的超导配对性等问题时,一部分研究又借助于泛函重整化群方法。作为之后的理论出发点,接下来我们简单介绍密度泛函理论(DFT)和奇异模泛函重整化群(SMFRG)方法,并给出相关的理论背景以及必要的公式推导。

1.2.1　单电子近似和密度泛函理论

研究多粒子系统的电子性质一直是凝聚态物理学的一个核心问题。当体系中电子与电子关联不是很强时,我们能够对体系进行单电子近似,然后通过求解位于周期场单粒子的薛定谔方程,得到体系的能带结构。许多基本的物理性质,如振动谱、磁有序、电导率、热导率、光学介电函数等原则上都可以从能带理论角度来阐明和解释。能带理论的主要任务是确定固体电子能级,而实际物理体系往往是由大数量级的多粒子构成,怎么通过近似和简化来得到系统的能带? 一个有效和准确的描述就是密度泛函理论。

从密度泛函理论的角度来看,多粒子系统的物理学性质是由粒子数密度 $\rho(r)$ 决定的,可以通过求解 Kohn - Sham 方程以相当小的计算量来计算出多粒子系统的能带结构和其他物理性质。之后人们在此理论上做了各种合理的近似和改进使之能够应用于各种实际材料的计算中。特别是近些年计算科学的迅速发展,密度泛函理论得到了更广泛的应用。人们用它来解决包括物理化学等领域的各种问题,并随之发展了各种相关的计算方法和软件。本节的第一部分中,我们将首先简单介绍密度泛函理论的理论框架和一些基本方法。

组成固体的多粒子系统一般包括高速运动的电子和相对来说比较缓慢的原子核。当不考虑外场的作用时,其物理性质由体系所有粒子的动能与粒子之间的相互作用能决定。但由于粒子数目庞大,直接求解是不现实的,需要做一系列合理的简化和近似。首先将系统的高能电子自由度和低能核的运动的自由度分离。认为电子绝热于核的运动,即考虑电子运动时原子核是处在它们的瞬时位置上的;而考虑核的运动时,可以不考虑电子的空间分布,这就是波恩-奥本海默近似。其次需要进一步近似简化来处理电子-电子作用项。其中最重要的是 Hartree – Fock 方法,它对多电子体系电子波函数做变分法处理,得到 Hartree – Fock 方程来求解研究体系的电子性质,但这种方法运算量较大。而对于周期性固体材料,一般使用密度泛函理论可以更精确和有效地得到系统的电子性质。

　　量子力学的一般观点是认为系统的波函数能够完整描述该系统的运动状态,进而得到该系统的全部可测量的物理量的具体情况。实际上,早在 1927 年,Thomas 和 Fermi 就尝试用电荷密度而不是波函数得到原子和分子系统的信息。在这一设想上的进一步发展便是密度泛函理论。它的理论的基础是 P. Hohenberg 和 W. Kohn 关于非均匀电子气理论的讨论,并可归结为两个基本定理:①定理一,不计自旋的全同费米子系统的基态能量是粒子数密度函数 $\rho(r)$ 的唯一泛函。②定理二,在粒子数不变的条件下,任何多粒子体系能量泛函 $E[\rho]$ 对正确的粒子数密度函数 $\rho(r)$ 取极小值,并等于基态能量。对应的电荷密度 $\rho(r)$ 则为该体系的基态电荷密度。定理一给出了如何确定系统的基态性质的方法;定理二给出了如何确定粒子数密度 $\rho(r)$ 这个基本变量的方法。

　　Hohenberg – Kohn 定理虽然在形式上给出合理的求解体系基态能和其他物理量的方法,即得到体系的基态电荷密度,但实际上仍是不可解的。因为在多粒子系统中基态电荷密度仍由粒子数目数量级的多体波函数构成,具体来说这个定理在实际中应用仍存在三个问题:①如何确定粒子数密度 $\rho(r)$;②如何确定动能泛函 $T[\rho]$;③如何确定交换关联能泛函 $Exc[\rho]$。其中第一和第二个问题由 W. Kohn 和 L. J. Sham 提出方法来进行进一步的简化并由此得到了 Kohn – Sham 方程。第三个问题,一般采用所谓的局域密度近似(Local Density Approximation,LDA)和广义梯度近似(Generalized Gradient Approximation,GGA)来近似得到交换关联能。

　　Kohn – Sham 方程虽然在形式上很简单,但却提供了密度泛函理论应用于实际计算的方法。W. Kohn 和 L. J. Sham 于 1965 年提出了其理论框架,即假定动能泛函 $T[\rho]$ 可用一个已知的无相互作用粒子的动能泛函 $T_s[\rho]$ 来代替,它具有与有相互作用系统同样的电荷密度函数 $\rho(r)$,而把 $T[\rho]$ 和 $T_s[\rho]$ 的差别中无法转换的复杂部分归入 $E_x[\rho]$ 中。由于粒子之间无相互作用,因此电荷密度可以用 N 个单粒子波函数 $\rho_i(r)$ 构造,即

$$\rho(r) = \sum_{i=1}^{N} |\varphi_i(r)|^2 \tag{1-1}$$

从而构建了单粒子图像。在这样的假设下,对 $\rho(r)$ 的变分可以用对单粒子波

函数 $\varphi_i(r)$ 的变分来代替。接着同样可以定义一个有效的势场，得到描述粒子在这个有效势场中的运动方程，即

$$\{-\nabla^2 + V_{KS}[\rho(r)]\}\varphi_i(r) = E_i\varphi_i(r) \tag{1-2}$$

其中

$$V_{KS}[\rho(r)] = V_{ext}(r) + \int dr' \frac{\rho(r')}{|r-r'|} + \frac{\delta E_{xc}[\rho(r)]}{\delta\rho(r)}$$

$$= V_{ext}(r) + V_H[\rho(r)] + V_{xc}[\rho(r)] \tag{1-3}$$

这样，我们能得到关于单粒子波函数 $\varphi_i(r)$ 的方程，上面的式子一起被称为 Kohn-Sham 方程。此时所谓的基态密度函数可以从解式(1-1)得到的 $\varphi_i(r)$ 来构造，接着便可以得到体系包括基态能量和其他可观测的物理量的期望值。

有一点值得注意的地方是，这里的单粒子波函数（或称为 Kohn-Sham 轨道函数）$\varphi_i(r)$ 仅仅是一个数学上的描述，并不对应于具有物理意义的准粒子。我们只是认为体系中所有的波函数是等同的并且全部波函数的平方的累加之和等于真实粒子的密度。同样，这里的单粒子能量本征值 E_i 也不是真实粒子的能量本征值，所以 $E_j - E_i$ 并不等于粒子从 i 态激发到 j 态所需的激发能，而且总能并不完全等于所有占据态能量的和。这些跟 Hartree-Fock 方程是不一样的。

Kohn-Sham 方程的核心是认为所求系统中粒子间没有相互作用，处在有效势场中运动。它将原来有相互作用粒子体系哈密顿量的相应项用无相互作用的模型的相应项来代替，而将有相互作用粒子的全部复杂性归入交换关联泛函 Exc 中去。图 1-4 形象地展示了这一过程。密度泛函理论导出单粒子的 Kohn-Sham 方程的描述是严格的，因为多粒子相互作用的全部复杂性仍然包含在 $E_{xc}[\rho]$ 中。实际求解中当然需要做一系列的简化，比如接下来要提及的对关联密度泛函的简化。

密度泛函理论的实际应用依赖于如何处理其中的交换关联泛函，所以要想求解 Kohn-Sham 方程，就需要做进一步的简化近似。到目前为止有很多近似方法，比如广泛应用的局域密度近似及广义梯度近似。局域密度近似由 Kohn 和 Sham 在提出 Kohn-Sham 方程的同时于 1965 年提出，在这种近似下，交换关联能写为下列定域积分的形式，即

$$E_{xc}^{LDA} = \int \rho(r)\varepsilon_{xc}[\rho(r)]dr \tag{1-4}$$

其中，$\varepsilon_{xc}[\rho(r)]$ 描述的是密度等于定域密度 $\rho(r)$ 的相互作用均匀电子体系中每个电子的多体交换关联能。其基本思想可以通过把系统的交换关联能细分成许多小

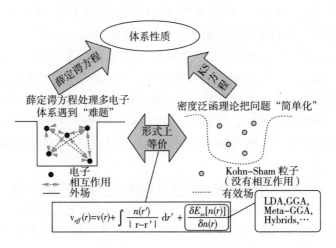

图 1-4　Kohn-Sham 方程示意图

块后每一块累加得到总的交换关联泛函,而且在小块内部认为电荷密度就是均匀
电子气分布。所以,交换关联势可表示为

$$V_x[\rho(r)] = \frac{\delta E_x[\rho]}{\delta \rho} = \varepsilon_{xx}[\rho(r)] + \rho(r) \frac{\mathrm{d}\varepsilon_{xx}[\rho(r)]}{\mathrm{d}\rho(r)} \qquad (1-5)$$

其中,可以采用均匀电子体系中已求得的交换关联能 ε_{xx} 通过差值拟合成 $\rho(r)$ 的函
数 $\varepsilon_{xx}[\rho(r)]$,进而求得交换关联势的解析形式。常用的交换关联近似有很多,目前
用的比较多的是拟合 Monte-Carlo 方法计算得到的均匀电子气结果。

　　虽然 LDA 的出发点是认为电子密度改变比较缓慢,但在很多实际计算中得到
比较合理的结果。LDA 也存在一些问题,它通常会低估系统的键长,也总是低估
绝缘体和半导体的能隙。一种改进方法就是使得体系细分成的小块内的交换关联
能密度不仅跟该小块内的局域电荷密度有关,还跟近邻小块内的电荷密度也有
关。这就需要把交换关联能密度的梯度考虑进来,后来经改进为另一种简化交换
关联能的方法,即是所谓的广义梯度近似(GGA)。此时有

$$E_{xx}^{GGA} = \int f[\rho(r), \mid \nabla \rho(r) \mid] \mathrm{d}r \qquad (1-6)$$

　　到目前为止,已经有很多种 GGA 的形式,比如 PW91、PBE 等。与 LDA 相比,
GGA 在很多时候提高了计算键长,晶格常数以及能隙的精度,更适合计算非均匀
电子密度的系统,但也不是绝对的。除了这两种近似外,还有一些其他形式,比如
所谓的杂化泛函(hybrid functional),常见的有 B3LYP、HSE 等。

　　得到了交换关联能泛函的具体形式,我们便能通过自洽的方法来得到电荷密

度。具体流程是：可以先合理地构建 $V_{ext}(r)$〔主要是原子核对电子的作用势 $V_{nuc}(r)$〕，再猜测一个初始的电子密度 $\rho_0(r)$，再求出 Hartree 势 $V_H[\rho(r)]$ 和根据上面的 LDA 或 GGA 的方式来求出交换关联势泛函，就得到了 Kohn-Sham 的有效势场 $V_{KS}[\rho(r)]$，见式(1-3)所列。然后求解式(1-2)得到单粒子波函数 $\varphi_i(r)$，再根据式(1-1)重新构造新的电荷密度 $\rho_1(r)$，最后比较 $\rho_0(r)$ 和 $\rho_1(r)$ 的区别。继续重复这一过程直到连续两次的电荷密度差 $\rho_{n+1}(r) - \rho_{n+1}(r)$ 达到设定的精度为止，此时得到的电荷密度对应于体系的基态电荷密度，其他各种物理量的期望值也可由电荷密度求得。

在具体运算中，需要将晶体内单电子波函数 $\varphi_i(\boldsymbol{k}, \boldsymbol{r})$ 按合理的基函数展开并建立合理的周期性势场。目前主要有两种广泛的基函数的选取方法，分别是平面波和原子轨道基。这里主要介绍平面波方法。平面波使用平面波来展开基态波函数，波函数可展开为

$$\varphi_i(\boldsymbol{k}, \boldsymbol{r}) = \sum_G c_{i,k+G} e^{i(k+G)\cdot r} \tag{1-7}$$

其中，$\boldsymbol{k}$ 为晶体倒空间第一布里渊区里面的波矢，而 $\boldsymbol{G}$ 为晶体倒格矢的整数倍，基矢集是 $\varphi = e^{i(k+G)\cdot r}$ 表示的一系列平面波。可以看出，这里的基矢集是与 $\boldsymbol{k}$ 相关的，不同的 $\boldsymbol{k}$ 对应不同的基矢集。在实际计算中，我们需要对 $\boldsymbol{G}$ 做限制以控制哈密顿矩阵的大小，这相当于给定一个自由电子的最大动能，即所谓的平面波数目的截断能量

$$E_{cut} = \frac{h^2 \boldsymbol{G}_{\max}^2}{2m} \tag{1-8}$$

由于越靠近原子核，电子受到原子核的库仑作用越强，其波函数的变化就越剧烈，所需的平面波的数目就越多；而远离原子核区，波函数变化很快就相当平缓，所需平面波数目较少。我们一般关注价态电子即远离核区的电子的性质，因此，只要能够处理好近核区的波函数就会使得计算量大大降低。其中一个解决的方法是 C. Herring 提出的正交化平面波(OPW)方法，基本思想是用孤立原子芯态波函数的布洛赫和作为近核区域的晶体波函数，而远离原子核区仍然用平面波展开，两者的重叠部分采用正交化手续除去。另外一种在 OPW 基础上改进的方法就是赝势波法。这种方法把内层电子和原子核看作一个整体，其对外层价电子的影响用所谓的赝势来代替。通过拟合原子的全电子计算的结果，可以找到合适的赝势和波函数集使得该原子的价电子部分的能量本征值和波函数与全电子计算一致。波函数被赝势波函数取代后变得平缓多了，可以预计大大降低了计算量。赝势的发展经历了经验赝势，模守恒赝势，超软赝势和缀加平面波赝势几个过程。目前用的比较广泛的软件包有 VASP，CASTEP，ABINIT，Quantum ESPRESSO 等。

虽然赝势平面波方法计算速度快,但缺乏对芯态电子性质的考虑。另一种就是把芯态电子考虑在内的全电子方法,比上述方法精确但计算量也更大。全电子方法也把空间分为两个部分对待。比如在线性缀加平面波(LAPW)中,整个原胞被分为以原子核为中心,半径为 R 的球形区域(称为 Muffin - tin 球),以及球和球之间的间隙区(I)。球内部分包含芯态电子和原子核,用线性的球谐函数展开;而价电子可以扩展到球外,用平面波展开。通过这种方法可以更好地处理电子但运算速度慢,目前用的软件包主要有 WIEN2k,FLEUR,ELK 等。

凭借自洽计算得到的基态能量和 Kohn - Sham 波函数等信息,DFT 计算软件能实现与其他功能软件的接口,计算得到体系更多的物理性质和化学性质。较常用到的功能软件如计算声子性质和电声子耦合的 PHonon(集成在 Quantum ESPRESSO 内),运用最大局域化瓦尼尔函数(MLWF)得到紧束缚模型的软件 wannier90,还有使用 GW 方法计算准粒子能谱和其他多种性质的软件 Yambo 等。我们在本节中介绍下前两种。

固体物理中用声子来描述晶体晶格的振动。而通过 DFT,我们可以通过晶体结构对体系电子性质的影响来计算声子谱还有电声耦合作用。目前使用比较成熟的计算声子的方法有三种:线性响应法(Linear Response Theory)、冷冻原子法(Frozen Phonon Method)以及有限位移法(Finite Displacement Method)。其中最普遍的方法是线性响应法(或者称为 Density Perturbation Functional Theory,DFPT)。多个软件如 CASTEP,Quantum Espresso,Abinit 等都在用。它的原理是将原子施加很小的位移,然后计算电子密度对位移的响应函数,再进一步构造出动力学矩阵。相比于其他方法,它不需要构造超晶胞,计算得到的动力学矩阵也是很准确的,就是计算速度一般,特别是对模守恒赝势。主要方法和介绍见 Baroni 等人的综述性文献。

我们知道,对于理想晶体,其原子服从晶格排列,具有周期性结构。一个自然的标示其电子态的方式是用一系列布洛赫能带波函数 ψ_{mk}。m 在这里指代能带数目,而 k 代表其晶格动量。利用密度泛函理论我们可以得到系统的电子能级即能带。但是能带表示具有一定的广延性,我们有时候需要得到对电子性质的局域性的表示。比如紧束缚近似中,我们将一个原子附近的电子看作受该原子势场的作用为主,而其他原子势场的作用看作微扰,通过这种近似,能带的布洛赫波函数可用瓦尼尔函数的方式表示。

我们总可以通过选择幺正变换来使得瓦尼尔分布函数最小,即获得最大局域化瓦尼尔函数(MLWF)。Marzari 和 Vanderbilt 在文献[33]中具体给出了怎么在孤立的一些能带中得到最大局域化瓦尼尔函数的方案。但当我们研究非孤立的能带时,能带由于广延性会和其他能带相交连在一起。比如我们想从金属费米面附近的半满能带得到最大局域化瓦尼尔函数。这就需要我们附加一个解"纠缠"的过程(disentanglement)。具体是在解"纠缠"设置外能量窗口,保证在能量窗口中每一个 k 上的电子状态数是我们要求的瓦尼尔函数的数目。值得注意的是由于初始的能带结构中能带都是纠缠在一起的,通过这种方式处理后的能带结构可能会发生变化。为了保持住系统在某一能量段的电子性质,我们需要再引入一个能量窗口即内能量窗口,例如处理金属时我们选择费米面附近为我们的内能量窗口。

上述方案可通过 wannier90 程序来实现,它独立于那些在密度泛函计算过程使用的方法和近似。可通过与其他第一性计算软件(如 VASP、Quantum ESPRESSO、Wien2K 等)的接口得到布洛赫波函数的信息,并进一步进行后续处理从而得到合理反映系统电子性质的最大局域化瓦尼尔函数。更具体的理论推导和技术细节可以参阅相关文献。

1.2.2 关联电子系统和泛函重整化群

固体物理已经建立起来的范式是前面讨论的能带理论加上描述弱相互作用电子系统低能激发行为的费米液体理论。但当电子与电子的关联效应很强时,就不能简单地将粒子的相互作用认为单粒子的有效势场。例如一些过渡金属氧化物的 Mott 行为,非常规超导体(铜氧、铁基和重费米超导体等)的低温有序相,Luttinger 液体,量子相变点还有分数量子霍尔效应等,要理解这些现象,都需要考虑超越能带理论讨论范围的电子关联的作用。

在电子关联比较强的系统中,电子的库仑作用(特别是同一格点的库仑排斥作用)较大,使得系统电子的局域性增强。而源于电子轨道交叠引起的电子跃迁或电子巡游性变弱。由于电子局域性同巡游性的竞争,系统会呈现出许多不同的电子状态和丰富的物理性质,并且往往电子间相互作用的微弱变化或者电子填充的少许改变就使系统基态及低能激发性质发生明显转变。关联电子系统中存在着电子结构、自旋、轨道自由度、电子-电子相互作用以及电子-声子相互作用之间的互动,这使得处理关联电子系统的问题极为困难。

对于关联系统,目前还没有系统性的理论和描述,人们常常是对具体的物理问题选用某种相互作用的哈密顿量,利用近似和数值解析的方法来处理关联电子系统问题。这些方法主要有:严格对角化(exact diagonalization)、平均场(meanfield)、Gutzwiller 投影、变分 Monte Carlo、量子 Monte Carlo、动力学平均场(DMFT)、密度矩阵重整化群(DMRG)以及泛函重整化群(FRG)等多种方法。

在这些方法中,重整化群的方法具有其独特的优势和重要性。因为电子关联系统在不同的能量尺度下常常表现出截然不同的行为。而复杂有趣的物理现象又往往是在远小于模型参数的能量尺度下出现。比如铜氧高温超导体,如图 1-5 所示,从能标最高的库仑作用再到中间能标的动能跃迁项和磁性作用项 J,一直到最终的超导的转变温度对应的能量,能量尺度跨越了三个数量级(图 1-5)。这种差异使得人们很难用直接的数值解析来处理。如果运用传统的微扰论的方法,不加区别地对系统所有能标的自由度做同样的近似,就会碰到红外发散,甚至弱关联的体系(特别是低维系统)中传统微扰论也不能适用。自然而然地,我们会想到应对系统在不同能量尺度的自由度依次地对待,即抓住系统连续地从高能一步步下降到低能的物理信息,迭代地把系统高能的自由度积掉,得到一系列有效的低能激发性质。这就是重整化群的基本思想。

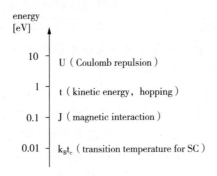

图 1-5 电子关联系统关联作用能量尺度示意图

重整化群的方法对物理学的影响可以说是革命性的,它已经被应用在多种研究领域中。高能物理中,重整化发展了近自由这一重要的概念;在场论中,重整化群使得人们重新审视了场论的可重整性,认识到不可重整场论其实是某一能标下的有效场论。在凝聚态系统中,重整化群更发挥了极重要的作用。首先,Wilson用其解释了临界现象,提供了从微观上计算临界指数的系统方法。其次,它可以解决一些常规微扰论无法处理的问题,比如在解决 Kondo 问题时,常规的微扰论在每一级发散,而运用重整化群便可以规避发散,进而可用数值重整化群技术完全解决 Kondo 问题。最后,它更是深化了人们对凝聚态理论的认识,使人们能真正理解其中的物理思想。利用重整化群我们认识到正常的费米液体是一个稳定的不动点,原因是相空间的限制使粒子之间的相互作用只有前向散射是边缘耦合。此时仅用前向散射幅度就可以描写费米液体的行为。然而,在吸引的相互作用的影响下,总动量为零的散射通道(BCS 通道)成为边缘有关的耦合,这时费米液体所代表的不动点不再稳定(Cooper 失稳),意味着必须要寻求新的基态/真空态。

重整化群的实现有多种方案,Wilson 在提出动量壳重整化群之后就又提出了一种更一般性的重整化流的计算方法。原始的方案是,根据微扰论逐级计算耦合常数所对应的 β 函数。而早在重整化群的发展之初,Wegner 和 Houghton 就导出了所谓的严格的重整化流动方程。随后 Polchinski 用更简洁的方式重新导出了这个严格的重整化群流动方程并用之证明了 Φ^4 场论的可重整性。这个严格的重整化通常称为 Wilson - Polchinski 方程。它提供了数值计算的大体框架,即用截断的方式将场变量分为快场和慢场,然后利用路径积分,研究慢场的相互作用顶点泛函随重整化参数的流动。与以前的方案相比,首先它引入了软截断,定义截断函数为一个平滑化的阶跃函数;其次它直接处理了严格的重整化方程,保留了超越常规的圈图,这就有可能在计算过程中计入一些非微扰效应。但是这种方案也有不足之处。第一点,这个方案丢失了传播子的信息。有效相互作用泛函无法给出传播子的信息,除非我们刚开始就引入外源并研究外源的流。第二点,我们缺乏先验的原则去选择截断函数,而临界现象中最为重要的反常维的计算结果强烈依赖于截断函数的选取。第三点,这种方案虽然在低阶能够再现场论重整化方案的单圈结果,但是高阶时很难再现高圈图的计算结果。

在 Wilson - Polchinski 方案上的改进就是 Wetterich 方案。它不再关注势泛函的流动,而是研究场论上关注的有效作用泛函 $\Gamma^\Lambda[\varphi]$ 的流动。$\Gamma^\Lambda[\varphi]$ 对应于单粒子不可约的顶角函数的生成泛函。这种方案也将场变量分为快场和慢场,但不同于 Wilson - Polchinski 方案中研究慢场的流动,这种方案注重快场有效相互作用的流动。这就如同给场引入一个红外截断,然后分析顶角函数随截断跑动"光滑"的变化。现在,我们可以直接从有效作用泛函中得到传播子和顶角函数。在实用上,Wetterich 方案不仅能够逐级地重现场论重整化的计算结果,还可以进行非微扰的计算。例如,Wetterich 方案计算 Φ^4 场论的反常维的结果足以和 7 圈的微扰展开的结果相比。非微扰的 Wetterich 方案可用于解决无序系统中的问题。

相互作用费米体系的 Wetterich 方程可由相干态路径积分来推导,最终我们可以得到有效作用泛函的严格的重整化群方程即 Wetterich 方程,其推导过程可参阅相关文献,这里就不再陈述。我们还可以将 Wetterich 方程对场做链式展开,得到单粒子不可约的顶角函数的生成泛函的链式方程。虽然对于某些特定情况,严格的重整化方程是可以被严格地求解出来的,但在实际应用中,我们还要做些简化处理。最常用的近似方法是忽略所有的阶数高于二阶的顶角函数。这意味着我们只考虑自能和四点顶角的流动(对应于两粒子间相互作用)。在分析系统可能出现的电子态失稳时,我们又进一步忽略掉自能修正,只考虑四点顶角的流动。这种近似虽然看上去简单,但它抓住了复杂的粒子-粒子通道、粒子-空穴通道的涨落和相互影响。这是常规的微扰论难以做到的。比如对于正方格点,在半满附近同时存在有超导和反铁磁通道失稳的可能性。如果只着重于粒子与粒子散射通道或粒子空穴散射通道都将放大其中一种涨落。只有无偏颇地顾及诸多通道以及它们之间的耦合,才能准确把握系统的性质。

对于具有平移不变性的周期系统,四点顶角具有动量 k 的下标,即可写为 $\Gamma\Gamma^{\Lambda}$ $[\varphi]_{k_1,k_2,k_3,k_4}$,并且 k_1,k_2,k_3,k_4 要满足动量守恒定律。实际计算中,我们要将 k 离散化并且合理选择 k。考虑到系统在低能时,只有离费米面很近的电子才对系统的性质有重要影响。所以一个很自然的想法就是只选择费米面上的动量,只计算这些动量点对应的顶角函数,这就是 patch FRG 的做法。但这种方案有一定的不足,首先它会丢失一些远离费米面的虚激发,并且由于动量都被投影到费米面上,即使 patch FRG 选的无限大也会忽略动量的径向依赖。其次当 k_1,k_2,k_3 自由时,很难保证 $k_4 = k_1 + k_2 - k_3$ 也位于费米面上,不满足动量守恒的条件。因此 patch FRG 对于一些体系特别是复杂原胞体系的计算结果可能会产生一些偏差。另一种做法就是在实空间中考虑四点顶角和有效相互作用,此时顶角函数跟系统晶体结构、键长等实空间的信息联系,我们据此发展了奇异模泛函重整化群(SMFRG)方法。

为了简化运算,我们只考虑链式方程的二阶截断,即只考虑二体相互作用。相互作用可写成 $c_1^{\dagger} c_2^{\dagger}(-\Gamma_{1234}) c_3 c_4$,$\Gamma_{1234}$ 为四点顶角,而 $1,2,3,4$ 等下标代表动量、自旋等自由度。四点顶角可以按一定的方式投影到不同通道。如图 $1-6$ 所示,Γ_{1234} 分别被投影到 P(pairing),C(crossing) 以及 D(direct) 通道中,并且可按一定的方式做因式分解,即

$$\Gamma_{k+q,-k,-p,p+q} \rightarrow \sum_{mn} f_m^*(k) P_{mn}(q) f_n(p)$$

$$\Gamma_{k+q,p,k,p+q} \rightarrow \sum_{mn} f_m^*(k) C_{mn}(q) f_n(p)$$

$$\Gamma_{k+q,p,p+q,k} \rightarrow \sum_{mn} f_m^*(k) D_{mn}(q) f_n(p) \tag{1-9}$$

其中:q 对应集体动量,k 对应于费米子动量。当系统满足自旋 SU(2) 对称性时,我

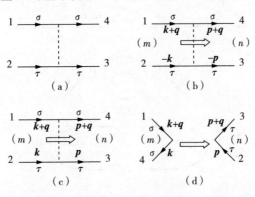

图 $1-6$ 广义的四点顶角表示及在各通道中的分解示意图

们先不考虑自旋自由度。$\{f_{m/n}(\boldsymbol{k})\}$ 称为结构因子,转化到实空间就是一系列定义在格点上的正交基矢。结构因子符合晶格点群的对称性。如果我们取整个空间内完备的结构因子,那么上述的因式分解就是严格的。但在实际计算中,我们只需要计入少部分的结构因子就足以抓住主要失稳通道的信息,即只取实空间原子的几级近邻就足够了。这些结构因子在每个通道中被平等地对待。

如果在四点顶角的流动方程中只考虑单圈图的贡献,可以用矩阵的形式写为

$$\partial P/\partial\Lambda = P\chi'_{pp}P\,,\partial C/\partial\Lambda = C\chi'_{ph}C\,,\partial D/\partial\Lambda = (C-D)\chi'_{ph}D + D\chi'_{ph}(C-D)$$

$$(1-10)$$

集体动量 $\boldsymbol{q}$ 隐含在式子中。其中 Λ 为跑动参数,我们这里对应于频率截断。所有单圈图对四点顶角流动方程的贡献也可用图形的方式表示,如图 1-7 所示。其中图 1-7(a) 和(b) 显示 P 和 C 通道的流动。而图 1-7(c) ~ (e) 显示了在 D 通道的流动。对式子 1-10 进行积分得到梯度近似。由于 Λ 顶角的整体的变化归根为 P,C,D 三个通道的变化,而这三个通道又彼此相关。因此对于三个通道完整的流方程为

$$dP/d\Lambda = \partial P/\partial\Lambda + \hat{P}(\partial C/\partial\Lambda + \partial D/\partial\Lambda)\,,$$

$$dC/d\Lambda = \partial C/\partial\Lambda + \hat{C}(\partial P/\partial\Lambda + \partial D/\partial\Lambda)\,,$$

$$dD/d\Lambda = \partial D/\partial\Lambda + \hat{D}(\partial P/\partial\Lambda + \partial C/\partial\Lambda) \qquad (1-11)$$

其中:$\hat{P},\hat{C}$ 和 $\hat{D}$ 对应于三个通道的投影算符。上式投影算符代表三个不同通道之间的耦合。正是这些不同通道之间的投影项使得超导配对能够由虚的粒子空穴散射过程诱发。

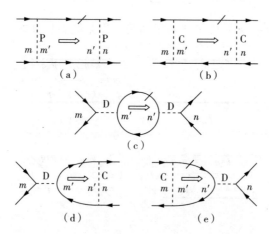

图 1-7 单圈图对四点顶角的重整化群流动的贡献

我们可以由 P、C、D 三个通道来得到超导(SC)、自旋密度波(SDW)以及电荷密度波(CDW)通道的有效相互作用,即

$$V_{SC} = -P, V_{SDW} = C, V_{CDW} = C - 2D \qquad (1-12)$$

SC、SDW 以及 CDW 通道的广义的相互作用可以分解为奇异值得形式,即

$$V_X(\boldsymbol{q}_X) = \sum_\alpha S_X^\alpha \varphi_X^\alpha(m) \psi_X^\alpha(n) \qquad (1-13)$$

其中,$X = \mathrm{SC, SDW, CDW}$,$S_X^\alpha$ 为第 α 个奇异模式奇异值的大小,φ_X^α 和 ψ_X^α 分别为有效相互作用的左矢和右矢。 我们在计算中固定左矢和右矢的相位使得 $Re\left[\sum\limits_m \varphi_X^\alpha(m) \psi_X^\alpha(m)\right] > 0$。这样奇异值最负的对应于 $\boldsymbol{X}$ 通道最吸引的模式。对于超导通道的集体动量 $\boldsymbol{q}$,在重整化流动时 $\boldsymbol{q}_{SC} = 0$ 意味着 Cooper 失稳。 我们可以通过左右矢和晶格、轨道等自由度的关系写出能隙函数的具体形式,然后还可以将其投影到能带空间。对于 SDW 和 CDW 通道,我们选择 $|V_{SDW/CDW}(\boldsymbol{q})|$ 的峰值所在的集体矢量 $\boldsymbol{q} = \boldsymbol{q}_{SDW/CDW}$。值得注意的是,$\boldsymbol{q}_{SDW/CDW}$ 还包含其所有拥有点群对称性的动量点。它随着重整化群的流动会发生改变,但最终会稳定在某一动量点。在计算过程中,如果任一通道中奇异模 S_X^α 的最大值超过带宽的 10 倍,我们就认为这一通道发散,停止 FRG 的计算。通道发散便意味着系统形成某种序。

值得注意的是上面讨论的是系统的自旋满足 SU(2) 对称性的情况,当系统的自旋 SU(2) 对称性破缺时,我们必须再考虑自旋自由度。

由于泛函重整化群能够无偏颇考虑系统多个通道的涨落以及它们之间的相互影响,因此处理非常规超导问题更得心应手。Zanchi 等人用 Wilson 的严格重整化群方案研究了正方格点的 Hubbard 模型,发现了体系有反铁磁区和超导区,并且验证超导配对形式是 $\mathrm{d}_{x^2-y^2}$ 波。随后 Honerkamp 等人用 Wetterich 方案也研究了正方格点的 Hubbard 模型并且考虑了次级跃迁 t',他们除了得到反铁磁相和超导相外,还发现布里渊区鞍点之间存在有 Umklapp 散射起主导的区域,并认为这个区域可能对应于铜氧高温超导体发现的赝能隙区。Metzner 等人运用 FRG 研究了正方格点 Hubbard 模型中的各种涨落的磁化率,发现在半满附近主要的失稳时反铁磁或 d 波超导。另外,他们的一个工作通过分析前向散射振幅发现,正方格点上 Hubbard 模型的费米面具有发生变形的趋势,即发生 d 波对称的 Pomeranchuk 转变的趋势。而这种强烈的"软费米面"涨落可能带来高温超导体里面电阻率按温度幂律变化。而他们最近的工作基于最新发展超流态的 FRG 发现次紧邻的跃迁项对超导及反铁磁两种序的竞争起了至关重要的作用。Honercamp 等人还通过 FRG 研究了正方格点 Huabbard 模型声子的影响,发现只有 B_{1g} 的声子会加强超

导,而其他声子模式会压制超导配对。而且所有声子模式放在一起时,对超导能标的影响很小。他们关于声子的另外一个工作显示 B_{1g} 的声子能够诱发对称性为 d 波,调制波矢为 $Q=(\pi/2,\pi/2)$ 的电荷密度波。对于铜氧高温超导体电子掺杂情况,Katanin 等人发现,反铁磁能隙函数在布里渊区的分布具有一定的相异性,在"热点"(hot spot,即费米面与磁布里渊区的交点)上最大,而在布里渊区对角线上为零。他们还发现此时超导配对为包含有高阶谐量的 d 波形式。

铁基超导被发现后不久,多个小组也应用 FRG 对不同的铁基材料进行了研究。Wang Fa 等人基于铁基的五带模型发现,对应于电子空穴口袋的嵌套结构的大波矢磁性涨落使得系统易于形成 s± 超导配对。Thomale 等人研究了 122 体系 $K_x Ba_{1-x} Fe_2 As_2$ 的超导性质,发现当体系重空穴掺杂时,会出现奇特的 d 波超导相。这些都是运用了 patch frg 的方案,而我们利用 SMFRG 研究了 $SrTiO_3$ 中的声子对其上单层 FeSe 的影响,发现铁电性的声子会增强 FeSe 里的超导配对。

另外对其他可能出现非常规超导的体系和材料,FRG 也被广泛使用在对其超导性质的研究上,比如 graphene,Kagome 格子,$Na_x CoO_2 \cdot y H_2 O$,SrPtAs 和拓扑超导的讨论等。由此可以看到,在非常规超导体性质的研究中,FRG 被广泛运用。在后面的篇幅中,我们会运用新发展的 SMFRG 对若干(或潜在)非常规超导体的超导机理进行研究。

1.3 小 结

本章我们回顾了超导的发展历程,超导的研究一直是凝聚态物理重要的分支。高温超导体发现 20 多年以来,非常规超导体的研究一直是关注的焦点。近几年铁基超导体的发现,又掀起了寻找新的超导材料的热潮。对于新的超导体,我们既期望得到其电子结构的描述,还要更深入计算关联效应对超导性质的影响。本章还讨论了两种重要方法,即 DFT(密度泛函理论)和 SMFRG(奇异模泛函重整化群)方法。对于不同的体系,由于电子关联强弱还有关注的问题的不同,运用的理论和方法也就不同。这就需要我们从多个角度用多个方法来考虑问题。在下面的章节中,我们主要使用这两种方法针对不同超导体(或潜在超导体)来研究。我们期望得到对于超导电性系统性的结果,进而帮助回答超导配对机理这一基本问题。

参考文献

[1] H Onnes. The resistance of pure mercury at helium temperatures [J]. Communication Physics Lab. University Leiden,1911,12,1.

［2］ W Meissner, R Ochsenfeld. Ein neuer Effekt bei eintritt der Supraleitfahigkeit[J]. Naturwissenschaften,1933,21,787.

［3］ F London, H London. The electromagnetic equations of the supraconductor[J]. Proceedings of the Royal Society of London Series A – Mathematical and Physical Sciences,1935,149,71.

［4］ L Landau,V Ginzburg. On the theory of superconductivity[J]. Journal of Experimental and Theoretical Physics (USSR),1950,20,1064.

［5］ J Bardeen, L N Cooper, J R Schrieffer. Theory of Superconductivity [J]. Physical Review,1957,108,1175.

［6］ N Bogoljubov, V Tolmachov, D Sirkov. A new method in the theory of superconductivity[J]. Fortschritte der Physik,1958,6,605.

［7］ P Gennes,Superconductivity of metals and alloys[M]. CRC Press,2018.

［8］ J Bednorz,K. Müller. Possible high T_c superconductivity in the Ba – La – Cu – O system[J]. Zeitschrift für Physik B Condensed Matter,1986,64,189.

［9］ M K Wu,J R Ashburn,C J Torng,et al. Superconductivity at 93 K in a new mixed – phase Y – Ba – Cu – O compound system at ambient pressure [J]. Physical Review Letters,1987,58,908.

［10］ C W Chu, L Gao, F Chen, et al. Superconductivity above 150 K in $HgBa_2 Ca_2 Cu_3 O_{8+\delta}$ at high pressures[J]. Nature,1993,365,323.

［11］ L Gao,Y Y Xue,F Chen,et al. Superconductivity up to 164 K in $HgBa_2 Ca_{m-1} Cu_m O_{2m+2+\delta}$ (m=1,2,and 3) under quasihydrostatic pressures[J]. Physical Review B,1994,50,4260 (1994).

［12］ Y Kamihara,T Watanabe,M Hirano,et al. Iron – Based Layered Super-conductor La$[O_{1-x}F_x]$FeAs ($x = 0.05 \sim 0.12$) with $T_c = 26$ K[J]. Journal of the American Chemical Society,2008,130,3296.

［13］ J F Ge,Z L Liu,C Liu,et al. Superconductivity above 100 K in single – layer FeSe films on doped $SrTiO_3$[J]. Nature Materials,2015,14,285 – 289.

［14］ J R Schrieffer,X G Wen,S C Zhang. Dynamic spin fluctuations and the bag mechanism of high – T_c superconductivity[J]. Physical Review B, 1989, 39,11663.

［15］ P W Anderson. The Resonating Valence Bond State in $La_2 CuO_4$ and Super – conductivity[J]. Science,1987,235,1196.

［16］ C M Varma,P B Littlewood,S Schmitt – Rink,et al. Phenomenology of the normal state of Cu – O high – temperature superconductors[J]. Physical

Review Letters,1989,63,1996.

[17] S C Zhang. A Unified Theory Based on SO(5) Symmetry of Superconductivity and Antiferromagnetism[J]. Science,1997,275,1089.

[18] W Jones, N H March. Theoretical Solid State Physics[M]. London: John Wiley and Sons,1973.

[19] 李正中. 固体理论(第 2 版)[M]. 北京:高等教育出版社,2002.

[20] R M Driezler,E K U. Gross. Density Functional Theory[M]. Berlin: Springer,1990.

[21] 谢希德,陆栋,固体能带理论[M]. 上海:复旦大学出版社,1998.

[22] 维基百科. "Density functional theory"[DB/OL]. http:// stats. wikipedia. org.

[23] W Kohn,L J Sham. Self – Consistent Equations Including Exchange and Correlation Effects[J]. Physical Review,1965,140,A1133.

[24] D M Ceperley, B J Alder. Ground State of the Electron Gas by a Stochastic Method[J]. Physical Review Letters,1980,45,566.

[25] J P Perdew, A Zunger. Self – interaction correction to density – functional approximations for many – electron systems[J]. Physical Review B, 1981,23,5048.

[26] J P Perdew,J A Chevary,S H Vosko,et al. Atoms,molecules,solids, and surfaces: Applications of the generalized gradient approximation for exchange and correlation[J]. Physical Review B,1992,46,6671.

[27] J P Perdew, K Burke, M Ernzerhof. Generalized Gradient Approximation Made Simple[J]. Physical Review Letters,1996,77,3865.

[28] C Herring. A New Method for Calculating Wave Functions in Crystals [J]. Physical Review,1940,57,1169.

[29] O K Andersen. Linear methods in band theory[J]. Physical Review B, 1975,12,3060.

[30] H Krakauer,M Posternak,A J Freeman. Linearized augmented plane – wave method for the electronic band structure of thin films[J]. Physical Review B,1979,19,1706.

[31] F Aryasetiawan, O Gunnarsson. The GW method[J]. Reports on Progress in Physics,1998,61,237.

[32] S Baroni,S de Gironcoli,A Dal Corso,et al. Phonons and related crystal properties from density – functional perturbation theory[J]. Reviews of Modern

Physics, 2001,73,515.

［33］N Marzari, D Vanderbilt. Maximally localized generalized Wannier functions for composite energy bands［J］. Physical Review B,1997,56,12847.

［34］A A Mostofi, J R Yates, Y S Lee, et al. Wannier 90: A tool for obtaining maximally - localised Wannier functions［J］. Computer Physics Communications,2008, 178,685.

［35］W Metzner, M Salmhofer, C Honerkamp, et al. Functional renormalization group approach to correlated fermion systems［J］. Reviews of Modern Physics,2012,84,299.

［36］E Dagotto. Correlated electrons in high - temperature superconductors ［J］. Reviews of Modern Physics,1994,66,763.

［37］G Senatore, N H March. Recent progress in the field of electron correlation［J］. Reviews of Modern Physics,1994,66,445.

［38］D M Ceperley. Path integrals in the theory of condensed helium［J］. Reviews of Modern Physics,1995,67,279.

［39］W M C Foulkes, L Mitas, R J Needs, et al. Quantum Monte Carlo simulations of solids［J］. Reviews of Modern Physics,2001,73,33.

［40］A Georges, G Kotliar, W Krauth, et al. Dynamical mean - field theory of strongly correlated fermion systems and the limit of infinite dimensions［J］. Reviews of Modern Physics,1996,68,13.

［41］T Maier, M Jarrell, T Pruschke, et al. Quantum cluster theories［J］. Reviews of Modern Physics,2005,77,1027.

［42］R M Noack, S R Manmana. Diagonalization and Numerical Renormalization Group Based Methods for Interacting Quantum Systems［J］. AIP Conference Proceedings,2005,789.

［43］R Bulla, T A Costi, T Pruschke. Numerical renormalization group method for quantum impurity systems［J］. Reviews of Modern Physics, 2008, 80,395.

［44］J Polchinski. Effective field theory and the fermi surface ［DB/OL］. Preprint at https://arxiv. org/pdf/hep—th/9210046v2. pdf.

［45］R Shankar. Effective field theory in condensed matter physics［J］. Conceptual foundations of quantum field theory,1999,47 - 55.

［46］K G Wilson,J Kogut. The renormalization group and the expansion［J］. Physics Reports,1974,12,75.

［47］K G Wilson. The renormalization group and critical phenomena［J］. Reviews of Modern Physics，1983，55，583.

［48］D J Amit. Field Theory，the Renormalization Group，and Critical Phenomena（2nd edition）［M］，Singapore：World Scientific Publishing Company，2002.

［49］D J Amit. Quantum Field Theory and Critical Phenomena（4th edition）［M］，Oxford：Oxford University Press，2002.

［50］K G Wilson. The renormalization group：Critical phenomena and the Kondo problem［J］. Reviews of Modern Physics，1975，47，773.

［51］R Shankar. Renormalization – group approach to interacting fermions［J］. Reviews of Modern Physics，1994，66，129.

［52］J Polchinski. Renormalization and effective lagrangians［J］. Nuclear Physics B，1984，231，269.

［53］C Wetterich. Average action and the renormalization group equations［J］. Nuclear Physics B，1991，352，529.

［54］C Wetterich. Exact evolution equation for the effective potential［J］. Physics Letters B，1993，301，90.

［55］W S Wang，Y Y Xiang，Q H Wang，et al. Functional renormalization group and variational Monte Carlo studies of the electronic instabilities in graphene near 1 doping［J］. Physical Review B，2012，85，035414.

［56］D Zanchi，H J Schulz. Weakly correlated electrons on a square lattice：Renormalization – group theory［J］. Physical Review B，2000，61，13609.

［57］C Honerkamp，M Salmhofer，N Furukawa，et al. Breakdown of the Landau – Fermi liquid in two dimensions due to umklapp scattering［J］. Physical Review B，2001，63，035109.

［58］C J Halboth，W Metzner. Renormalization – group analysis of the two – dimensional Hubbard model［J］. Physical Review B，2000，61，7364.

［59］L Dell'Anna，W Metzner. Electrical Resistivity near Pomeranchuk Instability in Two Dimensions［J］. Physical Review Letters，2007，98，136402.

［60］A Eberlein，W Metzner. Superconductivity in the two – dimensional t – t'– Hubbard model［J］. Physical Review B，2014，89，035126.

［61］H C Fu，C Honerkamp，D H Lee. Renormalization group study of the electron – phonon interaction in high – T_c cuprates［J］. Europhysics Letters，2006，75，146.

［62］ A A Katanin, A P Kampf. Quasiparticle Anisotropy and Pseudogap Formation from the Weak – Coupling Renormalization Group Point of View［J］. Physical Review Letters,2004,93,106406.

［63］ M L Kiesel, C Platt, W Hanke, et al. Competing many – body instabilities and unconventional superconductivity in graphene［J］. Physical Review B,2012,86,020507.

［64］ W S Wang,Z Z Li,Y Y Xiang,et al. Competing electronic orders on kagome lattices at van Hove filling［J］. Physical Review B,2013,87,115135.

［65］ M L Kiesel, C Platt, R Thomale. Unconventional Fermi Surface Instabilities in the Kagome Hubbard Model［J］. Physical Review Letters,2013, 110,126405.

［66］ M L Kiesel,C Platt,W Hanke,et al. Model Evidence of an Anisotropic Chiral d＋id – Wave Pairing State for the Water – Intercalated $Na_x CoO_2 \cdot yH_2 O$ Superconductor［J］. Physical Review Letters,2013,111,097001.

［67］ M H Fischer, T Neupert, C Platt, et al. Chiral d – wave superconductivity in SrPtAs［J］. Physical Review B,2014,89,020509.

第 2 章　BiS_2 基超导体超导机理的研究

2.1　研究背景

  BiS_2 基超导体是最近发现的一类新型层状超导材料。它首先是在层状材料 $Bi_4O_4S_3$ 中发现的，紧接着就发现了一系列的此类超导体，如 $LnO_{1-x}F_xBiS_2$（Ln＝La，Nd，Ce，Pr 和 Yb），$Sr_{1-x}La_xFBiS_2$，以及 La_{1-x}-M_xOBiS_2（M＝Ti，Zr，Hf 和 Th）。这类超导体与铜氧化物高温超导体和铁基超导体有很多相似点：都是层状的材料，都含有传导层（BiS_2 层）；并且在这些体系中，母体化合物一般是带绝缘体或者半导体，除了 $Sr_{1-x}La_xFBiS_2$ 是空穴掺杂外，超导通常是通过电子掺杂在母体化合物中来实现的。这类超导体发现以后，人们在这一领域做了大量实验和理论工作。有很多问题存在着争议，首先就是这类超导体是否为非常规超导体，如同铜氧或铁基超导体，或是传统的 BCS 型超导体。其次是如果是电子关联的非常规超导体，其配对机制和能隙对称性是什么。本章简单介绍了 BiS_2 的一些理论和实验工作，并用前文提到的 SMFRG 方法对 BiS_2 基超导体的超导性质进行了相关研究。

2.1.1　BiS_2 基超导体结构和有关实验

  图 2-1(a) 为 $LaOBiS_2$ 的晶体结构。从中看出，$LaOBiS_2$ 是由 BiS_2 层和 LaO 层堆垛而成。相关实验还有密度泛函计算都证明在掺杂后，BiS_2 层为传导层并对体系的电子性质起主要贡献。BiS_2 层的二维结构如图 2-1(b) 所示，每个 S 原子与周围四个 Bi 原子组成正四边形，每个 Bi 与次近邻的 Bi 之间由 S 桥接而成。对于 BiS_2 基超导机制等性质的测量，实验上存在着一些争议。对于这一系列几种超导体磁穿透深度的测量却表明它们的能隙很可能是没有节点的 s 波，意味着 BiS_2 基超导体是电声耦合机制的传统超导体；另外，文献[11]对于 $Bi_4O_4S_3$ 临界磁场的测量为 $\mu_0 H_p = 1.84 T_c$，证明其超越了 Pauli 极限，暗示着这种超导体中可能是三重

态配对。文献[11]同时做的扫描隧道谱的测量观测到在 $Bi_4O_4S_3$ 中超导能隙平均为 3meV，给出了 $2-/k_BT_c \sim 17$，这么大的比值间接证明它是一个强耦合超导体。除此之外，最近的两个小组关于同一种 BiS₂ 超导体 $NdO_xF_{1-x}BiS_2$ 角分辨光电子能谱的测量所得到的结论也不尽相同，其中一个小组观测到 $NdO_{0.7}F_{0.3}BiS_2$ 随温度低能光谱反常缺失，经分析认为可能是由于强相互作用的电子态导致；另一小组对 $NdO_{0.5}F_{0.5}BiS_2$ 做了角分辨光电子能谱的测量。他们根据测得的重整化因子为 1 以及测得体系的费米口袋小，因此主张这种超导体中电子关联小，是电声子耦合的传统超导体。值得一提的是，这两个实验测得的费米面基本上相近，如图 2-2 所示，围绕着布里渊区 $X(\pi, 0)$ 有两个小的电子口袋，经与 LDA 算出的能带结构比较，认为自旋轨道耦合对于体系的电子性质有很大影响。

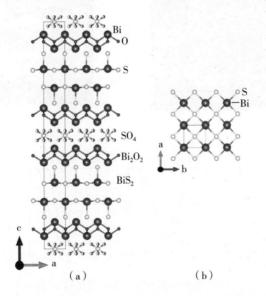

图 2-1 BiS₂ 基超导体 LaOBiS₂ 晶格结构和 BiS₂ 结构示意图

BiS₂ 基超导体是一类新型的超导体，实验上仍存在着分歧，需要进行更深入的研究。伴随实验方面的大量工作，在理论方面相继也有很多的主张和结论。下一小节，我们主要从 BiS₂ 的密度泛函计算方面讨论下它的电子性质，接着简单介绍了一些理论工作。

2.1.2 BiS₂ 基超导体电子结构和电声耦合计算

能带和费米面结构是进一步了解新材料的基础，在 BiS₂ 基超导体发现后不久，很快就有很多小组运用密度泛函理论对其电子性质以及电声耦合进行研究。由于

LaO$_{0.5}$F$_{0.5}$BiS$_2$ 的超导转变温度最高(T_c 高达 10.6 K),因此相关的理论工作也最多。图 2-3(a)给出了能带计算结果。从中可以看出它的母体化合物 LaOBiS$_2$ 是一个有约 0.8 eV 能隙的能带绝缘体,经掺杂后费米能级被移向了 Bi 的 6p 轨道。但是系统的能带结构变化较小可以通过刚带近似处理。另外一点就是在 z 方向色散较弱,显示此种超导体二维性较强。态密度的计算也表明 Bi 和 S 的面内的 p 轨道在掺杂后的 Fermi 能级附近起主要贡献。综合上述可推断 BiS$_2$ 面是其重要的导电层,类似于铜氧中的 Cu-O 层。为了简化运算,我们可以建立一个简化的有效模型。

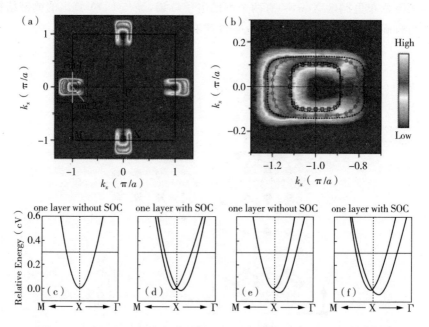

图 2-2　NdO$_{0.5}$F$_{0.5}$BiS$_2$ 的角分辨光电子能谱和 LDA+SOC 计算结果

在能带计算的基础上,相关文献[15]通过前文提到的最大局域化瓦尼尔函数(MLWF)来得到有效的紧束缚模型,从而抓住费米面附近的电子性质。他们首先构建了包含 Bi 和 S 的 p$_{x/y}$ 轨道的有效模型,接着做了进一步的简化,只关注 Bi 原子的两个面内 p 轨道得到了更简单的理论模型。Usui 给出了这一模型给出的两轨道模型的能带结构,同密度泛函计算的结果基本一致。

除了电子结构的研究外,密度泛函理论在 BiS$_2$ 基超导体中另一重要结果是声子和电声耦合的计算。LaO$_{0.5}$F$_{0.5}$BiS$_2$ 声子谱的一个显著的特点是在 M 点附近存在有声子软化的现象[14,16]。经过计算,研究者提出这种现象可能和在 $k=(\pi, pi, 0)$ 的费米面嵌套所导致的电荷密度波(CDW)有关。基于线性声子相应方法,多个

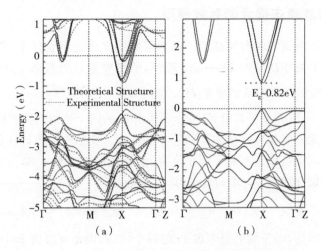

图 2 - 3　$LaO_{0.5}F_{0.5}BiS_2$ 和 $LaOBiS_2$ 的能带计算结果

小组还计算了 $LaO_{0.5}F_{0.5}BiS_2$ 的电声耦合常数,得到 $\lambda > 0.8$,经带入麦克米兰 (McMillan)公式后得到对应的 $T_c = 11$ K,与实验得到的转变温度基本一致。总的来说,基于密度泛函理论的电声耦合计算结果显示,BiS_2 基超导体可能是电声耦合机制诱导的传统超导体。

　　由于 BiS_2 基超导体的配对机制还未下定论,因此另外有许多理论是基于电子关联配对机制来研究其超导性质。文献[17]给出了随机相近似(RPA)的分析,认为费米面嵌套的作用和自旋涨落与超导密切相关。并且可能的配对为 A_{1g} 和 B_{2g} 两种机制竞争。值得注意的是,基于电子关联机制的计算都没有考虑自旋轨道耦合,使用的是文献[15]给出的 Bi 的两个轨道模型,但实际上 Bi 原子的质量较大,自旋轨道作用明显,这一点已由角分辨光电子能谱的测量给出。因此,加上自旋轨道耦合后考虑其超导性质会更合理。接下来我们就运用 SMFRG 方法对包含有自旋轨道耦合作用的两轨道模型进行研究。

2.2　运用 SMFRG 方法对 BiS_2 基超导体超导机理的研究

　　本节我们使用前面所讨论的 SMFRG 方法来研究 BiS_2 基超导体的超导机理。基于含有自旋轨道耦合作用的两带模型,我们考虑了三种不同情况的电子掺杂。对于每种掺杂情况,我们详细给出了不同散射通道的信息和超导配对函数的具体表达式。

2.2.1 含自旋轨道耦合的有效模型

首先介绍下所研究的有效模型。因为层与层之间的耦合较小,我们只考虑单层的情况。本节采用扩展的 Hubbard 模型,哈密顿量包含两部分,没有相互作用哈密顿量 H_0 和相互作用哈密顿量 H_I。其中 $H_0 = \sum_k \psi_k^+ (\chi_k + \xi_k) \psi_k$,$\psi = (C_{x\uparrow}, C_{y\uparrow}, C_{x\downarrow}, C_{y\downarrow})^T$ 为四旋子算符,$C_{x/y}$ 分别代表 Bi 的两个轨道的湮灭算符。χ_k 是跟自旋轨道耦合无关的量可以从文献[15]中的得到。文献中给出的轨道坐标和晶格坐标夹角为 45°,而我们对其做了幺正变换,使轨道的方向转了 45°,与晶格方向一致。自旋轨道耦合部分在 ξ 中包含,具体形式是,即

$$\xi_k = -\lambda \tau_2 \sigma_3 - \gamma_s (\sin k_x \sigma_y - \sin k_y \sigma_x) - \gamma_d (\sin k_x \sigma_y + \sin k_y \sigma_x) \tau_3 \quad (2-1)$$

需要注意的是,由于我们只考虑 B_i 的两个轨道,因此可以用 Pauli 矩阵的形式来简化地写出轨道基矢,我们统一使用 $\tau_{1,2,3}$ 来定义轨道部分基矢的关系,而用 $\sigma_{x,y,z}$ 来定义自旋基矢的关系,以后不再指明。比如 $\tau_2 \sigma_z$ 展开就是 $-i[(C_{x\uparrow} C_{y\uparrow} - C_{x\downarrow} C_{y\downarrow}) - (C_{y\uparrow} C_{x\uparrow} - C_{y\downarrow} C_{x\downarrow})]$。通过跟考虑自旋轨道耦合的 DFT 计算得到的能带结构拟合,我们给出 $(\lambda, \gamma_s, \gamma_d) \sim (0.5, 0.02, 0.16)$ eV。图 2-4(a) 给出了模型对应的能带结构,自旋轨道的影响使得能带劈裂成四带。态密度如图 2-4(b) 所示,可以看到两个明显的 Lifshitz 转变点,即在这点处费米面的拓扑结构发生了显著变化。

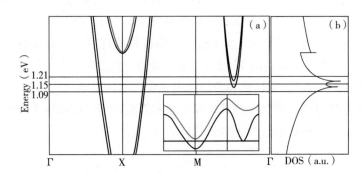

图 2-4　考虑自旋轨道耦合后,BiS_2 基超导体的两轨道模型对应的能带和对应的态密度

接着我们讨论相互作用的哈密顿量,其形式为

$$H_1 = U \sum_{i,a} n_{ia\uparrow} n_{ia\downarrow} + U' \sum_{i,a>b} n_{ia} n_{ib} + J \sum_{i,a>b,\sigma,\sigma'} \psi_{ia\sigma}^+ \psi_{ib\sigma} \psi_{ib\sigma'}^+ \psi_{ia\sigma'}$$

$$+ J' \sum \psi_{ia\uparrow}^+ \psi_{ia\downarrow}^+ \psi_{ib\uparrow} + V \sum n_i n_j \quad (2-2)$$

其中 a,b 代表 Bi 的 $p_{x/y}$ 轨道,而 (U,U',J,J') 代表多轨道系统的在位电子关联作用,V 是最近邻格点电子之间的库仑相互作用。并且认为它们满足下列标准的关系:$J=J'$ 和 $U=U+2J$。为了进一步减少参数,我们合理选定 $J=V=U/6$ 或其附近,作为后续计算参数范围。接下来唯一需要调节的参数就是 U。考虑到能带中粒子空穴激发对裸相互作用带来的部分屏蔽效应,我们可以根据 cRPA(具体方法可查阅文献[18,19])的策略来简单估算出库仑作用。介电常数 $\varepsilon \sim 1 + aV_c/W$,$W$ 为能带宽度,在此体系中为 $5 \sim 6$ eV,V_c 是裸相互作用,对于 p 轨道为 $20 \sim 30$eV,a 为系数取为 0.5-1,而 $U=V_c/\varepsilon$ 是 $3 \sim 8$ eV,我们就取一个合适的范围为 $U \in [2,10]$ eV。在位的库仑作用对于我们考虑的 p 轨道来看似乎有点大但也是合理的,比如在 graphe 里,通过 cRPA 计算出的 C 的 p$_z$ 轨道的有效库仑作用有 8eV。我们需要强调的是 Mott 行为显然不适用于这个体系中,一方面是 Bi 的 p 轨道远远不是半满,另一方面 p 轨道较大的杂化效应也大大减小了投影到能带空间的相互作用。

一个电子关联较强的体系会在粒子-粒子散射通道和粒子空穴散射通道形成各种有序态,而 SMFRG 能够随能量尺度的跑动抓住各个通道的信息和行为。我们一般关注各个通道最大的本征值和其对应的动量,定义为 S(Q),和前面讨论的一样,当这个最大本征值迅速增大直至发散表明它相关的通道形成主导波矢为 Q 的有序态。对于 LaO$_{1-x}$F$_x$BiS$_2$ 超导体,实验测得 $x=0.2 \sim 0.7$ 的大的掺杂范围都有超导,在这个掺杂范围内,费米面的拓扑结构发生了很大的变化。在接下来的研究中,我们通过刚带近似的方法,通过调节化学势 μ 来调整体系的掺杂浓度,主要讨论了三种掺杂情况下系统的超导性质。这三种情况对应于图 2-4 中的三条直线,从上到下穿越两个紧邻 van Hove 奇点,可以验证体系费米面的拓扑结构发生改变对系统超导性质产生了一定的影响,但总体超导性质很相似。

2.2.2　对于不同掺杂情况的结果及分析

首先,我们考虑电子掺杂使得每个格点上的占据数为 0.55 的情况,费米能级位于 Lifshitz 转变点之下,对应于图 2-4 的最底的横线。此时费米面为围绕布里渊区的 X$(\pi,0)$ 点的两个小的电子口袋,如图 2-5(a)(b)所示。注意到此时(a)(b)是由自旋轨道耦合 Rashba 项劈裂而成。为了更形象地说明,我们分开来画,选取 $U=8$eV 和 $J=V=U/6$,在这组参数下,体系粒子散射通道和粒子空穴散射通道的最负的奇异值的流动如图 2-5(c)所示。随着能标的降低(跑动参数的跑动),粒子空穴通道的相互作用刚开始的时候被稍微屏蔽,在中间的过程中又被增强但最终趋向平稳,表明没有形成有序态。箭头还表明了粒子空穴通道极化率最大的动量波矢的演化,最终稳定在 $Q \sim (\pi,\pi)$。我们还可以查看最后一步 FRG 流动时粒子空穴通道奇异值最大的模式和与其联系的结构因子,发现它描述的主要是在位局域的自旋涨落,结合 Q 我们认为它是在位的反铁磁涨落。值得注意的是此时铁磁涨落也很大,基本可以和反铁磁涨落大小相同,这一点可以从图 2-5(c)的插图看出来。

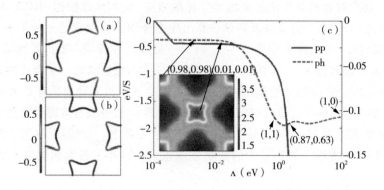

图 2-5 掺杂浓度为 0.45 时,FRG 随能标的流动及超导能隙在费米面上的分布

粒子空穴通道的散射随重整化群流动有可能在粒子-粒子散射通道重整为吸引相互作用,从而诱导出超导相。从图 2-5(c)的重整化流动可以看到,粒子-粒子散射通道最终发散,意味着体系形成超导序。在中间的过程中,粒子-粒子散射通道的流动曲线的斜率发生剧变,意味着中间存在有不同超导模式的竞争,最终发散的超导模式在这一剧变点对应的能标处占据了上风。最终的超导模式既含有三重态部分又有单重态部分。接下来,我们具体写出最终的超导相的配对函数。

我们可以在轨道空间写出能隙函数的基本形式为 $\phi_{pp}(k) = (g_k + \gamma_k)i\sigma_2$,其中单重态部分用 g_k 表示,三重态部分用 γ_k(注意 γ_k 是定义在自旋空间的矩阵,通常写为 $\boldsymbol{d}_k \cdot \sigma$ 的形式,$\boldsymbol{d}_k$ 为矢量)。在这个例子中,我们得到单重态为

$$g_k \sim -(0.03 + 0.02c_xc_y)\tau_3,$$

三重态可写为

$$\gamma_k \sim -0.02(\sigma_xs_y + \sigma_ys_x) + 0.15(\sigma_xs_yc_x + \sigma_ys_xc_y)$$
$$-0.63\tau_1(\sigma_xs_xc_y + \sigma_ys_yc_x) + 0.27\tau_3(\sigma_xs_yc_x - \sigma_ys_xc_y)$$

其中,$c_{x/y} = \cos k_{x/y}$,$s_{x/y} = \sin k_{x/y}$。从能隙函数可以看出:① 单重态部分遵循 d 波的对称性,但幅度很小。② 三重态部分占主导地位,而且最大的三重态配对在次级近邻上,对应于前面 H_0 部分中跃迁最大的项。三重态配对与前面提及的小波矢的磁性涨落密切相关。而单重态配对与大波矢的磁性涨落相关,但在晶体磁结构来看,这种反铁磁涨落意味着次级近邻为铁磁,进一步加强了次级近邻的三重态配对。

在这个例子中，由于存在自旋轨道耦合效应，配对函数既有三重态也有单重态分量，但是如果综合自旋和晶格来看，它们遵循着同样的对称操作。③ 配对函数是时间反演不变的。自旋轨道耦合的影响只是打破了原来没有考虑自旋轨道耦合时的 p 波形式的 $(p+ip')\uparrow\uparrow+(p-ip')\downarrow\downarrow$ 配对的简并性，并没有破坏时间反演。因此我们可以根据下式

$$\Delta_k = <k\mid\phi_{pp}(k)(\mid-k>)^* = <k\mid g_k+\gamma_k\mid k> \qquad (2-3)$$

将超导配对函数投影到能带空间，从能隙在费米面上的投影可以明显地看出，由于自旋轨道耦合中 Rashaba 量导致费米面进一步劈裂形成了围绕布里渊区 $X(\pi,0)$ 的两个小的电子口袋。而这两个小的电子口袋上的能隙在占主导地位的三重态部分的影响下，符号相反。在配分函数中，我们综合考虑自旋和晶格转动的对称性，发现其满足 B_{1g} 的对称操作，我们定义满足这种对称性的超导配对为 $d_{x^2-y^2}^*$ 波，其中"*"表明综合考虑自旋和晶格转动，同仅考虑晶格转动的情况区分开。我们还发现能隙在费米面上的分布是没有节点的，并且能隙的符号围绕着时间反演不变的动量点 $X(\pi,0)$ 改变了两次。这些都证明此时体系为时间反演不变的弱拓扑超导体，也就是体系在超导相的时候其边缘态没有能隙，但因为其弱拓扑性而不受拓扑保护。因此，我们认为 BiS₂ 基超导体可能是时间反演不变的弱拓扑超导体。

接下来，如图 2-4 所示，我们继续调高费米能级，使其穿过其中一个 Lifshitz 点（态密度中 van Hove 奇点），对应于中间横线的位置。此时对应的每个格点上的占据数为 0.55。费米面的拓扑结构发生了改变，如图 2-6 所示，其中一个围绕布里渊区 $X(\pi,0)$ 电子口袋劈裂成围绕布里渊区 $\Gamma(\pi,0)$ 和 M (π,π) 的两个口袋。在这种情况下，由于体系的态密度较大容易使得体系铁磁发散，因此我们取较小的 $U=4.5$ eV，而仍然取 $J=V=U/6$。重整化群的流动由图 2-6 所示。跟上一掺杂情况不同，此时粒子空穴通道中奇异值最大的模式对应的动量为 $Q\sim(0,0)$。经查看发现是一个在位的铁磁性涨落。最后一步的流动后的 S_{ph} 在图 2-6 中给出，分布情况同上一例类似，不同的是此时布里渊区中心动量点的峰值比边界处要大。这种小波矢的铁磁涨落很明显更能加强粒子-粒子散射通道中三重态的配对作用。我们也确实得到了这样的结果。经查看，最终发散的 S_{ph} 对应的配对函数形式单重态为

$$g_k\sim-0.01\tau_3-0.01i\tau_2 s_x s_y \qquad (2-4)$$

三重态可写为

$$\gamma_k\sim0.11(\sigma_x s_y c_x+\sigma_y s_x c_y)-0.58\tau_1(\sigma_x s_x c_y+\sigma_y s_y c_x)+0.39\tau_3(\sigma_x s_y c_x-\sigma_y s_x c_y)$$

其中,次级近邻键上的三重态配对仍然占主导地位。从图 2-6 所示能隙在费米面上的分布来看,它描述的仍是 $d_{x^2-y^2}$ 波的超导,但是此时能隙在 $\Gamma-M$ 的费米口袋上有节点,因为正好穿过 $d_{x^2-y^2}$ 方程在动量空间的节点方向,而在另外的 $X-Y$ 费米口袋上却没有节点。

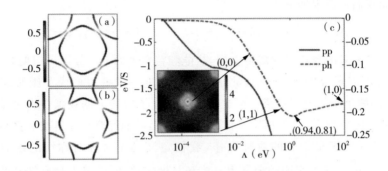

图 2-6 掺杂浓度为 0.55 时,FRG 随能标的流动及超导能隙在费米面上的分布

为了更系统地分析系统的超导性质,我们接着调节系统的费米能级,使其穿过两个紧邻的 Lifshitz 点,对应于图 2-4 所示最高的横线位置。此时每个格点的占据数为 0.64。由自旋轨道耦合劈裂的两个费米口袋如图 2-7(a),(b)所示。从图中明显看到,第一个例子中的两个围绕 X$(\pi,0)$ 点的电子口袋都劈裂成围绕 $\Gamma(\pi,0)$ 和 M(π,π) 的口袋。我们给出 $U=6$ eV 和 $J=V=U/6$ 的 SMFRG 计算的结果。与上面的情况相同,粒子-粒子散射通道仍然是主导的失稳通道。图 2-7(c)给出了重整化群的流动。在重整化流动的最后一步,我们查看粒子空穴通道的行为,发现 S_{ph} 描述的还是在位的磁性涨落,并且与之联系的动量为小波矢 $Q \sim (0.1, 0.1)$。很显然粒子空穴是在位的铁磁涨落。按照前例,我们写下发散的超导通道最终的配分函数形式为:$g_k \sim -(0.02+0.06c_xc_y)\tau_3$,以及三重态配对项,即

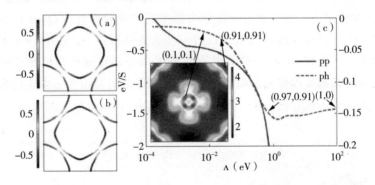

图 2-7 掺杂浓度为 0.64 时,FRG 随能标的流动及超导能隙在费米面上的分布

$$\gamma_k \sim -0.11(\sigma_x s_y + \sigma_y s_x) + 0.11(\sigma_x s_y c_x + \sigma_y s_x c_y)$$

$$-0.60\tau_1(\sigma_x s_x c_y + \sigma_x s_y c_x) + 0.36\tau_3(\sigma_x s_y c_x - \sigma_y s_x c_y)$$

从中可以看出,占主导的仍然是次级近邻的三重态配对,并且配分函数仍然满足 $d\hat{x}^2 - y^2$ 的对称性。图 2-7(a)、(b)给出了能隙函数在费米面的分布,可以更清晰地表明这种对称性。我们细致检视了这种情况下粒子-粒子散射通道的其他模式,发现另外一种与 $d\hat{x}^2 - y^2$ 波竞争激烈的配对形式。经分析这一次等重要的超导序有着 $s^* \pm (\Gamma$ 和 M 口袋能隙反号)的对称性,其中次级近邻的三重态配对仍然占主要地位。这一超导序可能和费米面的拓扑结构改变有关。由于费米面的拓扑结构的改变,大波矢动量的散射的重要性越来越大。从图 2-7(c)的插图所示的 S_{ph} 可看出,同上一个例子相比,动量 (π,π) 附近的峰值变得更大,同小波矢处的峰值基本可比拟。

最后,我们对其他相互作用参数和掺杂情况做了一系列系统的计算。结果可以用图 2-8 简单归纳:当 U 较小时,我们得到的超导配对函数形式上和前面的例子相同,但超导通道的发散能标更低;当 U 较大时,在 Lifshitz 点附近,由于系统的态密度较大,更容易形成铁磁涨落;远离 Lifshitz 点时,当 U 更大时系相互作用 $J = V = U/6$。星形符号表示前面讨论过的例子。AFM、FM、SC 分别表示反铁磁区、铁磁区和超导区。另外,J 和 V 稍作改变时结果相同。系统更倾向形成反铁磁涨落,但形成反铁磁涨落所需的 U 较大(比如 $n = 0.45$ 时需要 $U > 10$ eV)。因此我们认为,系统在较大的参数范围中更倾向于形成前面所提及的 $d\hat{x}^2 - y^2$ 波超导相,而在 van Hove 奇点附近可能形成在位的铁磁性相。此外,我们还考虑了有一定的层与层耦合的情况,即模型再加上两层 BiS₂ 之间沿着键($\pm 0.5a, \pm 0.5a, \pm b$)(这里的 a、b 分别表示层内和层间的晶格长度)的小的跃迁项 $t_\perp$,并且层与层之间自旋轨道耦合中的 Rashaba 系数的正负号改变。我们运用 SMFRG 计算发现对于这种两层模型,层与层之间的配对可以忽略不计,而层内的结果基本和前面的相同,除了相邻两层的单重态 g_k 的符号相反之外。

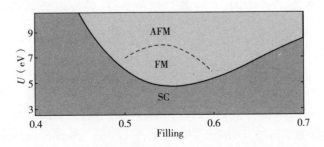

图 2-8　SMFRG 计算得到的随着掺杂情况和相互作用变化的示意性的相图

2.3 小 结

我们用自旋 SU(2) 破缺的 SMFRG 方法研究了最近刚发现并引起广泛关注的 BiS_2 基超导体。基于含自旋轨道耦合的两轨道模型,我们发现在很大范围的电子掺杂下,系统都会出现超导通道失稳。我们重点讨论了其中三种掺杂情况,费米面的拓扑结构由 $X-Y$ 口袋变为 $\Gamma-M$ 口袋。经计算,我们给出了重整化群流动和配对函数形式。我们发现,三种掺杂情况的超导性质基本相似但也有不同。相同点是三种掺杂情况都得到次紧邻的自旋三重态配对占主导地位的结果。当综合考虑自旋轨道转动时,配对函数满足 dx^2-y^2 的对称性,并可以从能隙在能带空间的投影图中很明显看出。而不同点在于粒子空穴通道两种在位自旋涨落的竞争导致 S_{ph} 在 q 分布不同。

我们的计算结果和多个实验都符合得较好:第一,角分辨光电子能谱测得其中一种 BiS_2 型化合物 $NdO_{0.5}F_{0.5}BiS_2$ 的费米面是围绕着两个小的电子口袋。与我们的自旋轨道耦合在低掺杂得到的费米结构类似。第二,在 $CeO_{1-x}F_xBiS_2$ 发现铁磁相和超导相共存,跟我们的结果超导区邻近铁磁区的结果较一致。第三,在 $Bi_4O_4S_3$ 中实验测到的临界磁场超过 Pauli 极限行为,暗示着配对是三重态,这一点与我们给出的超导配对函数相吻合。

值得注意的是,在所有掺杂情况下,我们都发现系统三重态配对占主导。三重态配对目前只在 ^3He 和有可能在 Sr_2RuO_4 中被验证。另外在一些没有中心反演对称的体系中也可能存在单重态和三重态混合,但三重态配对占主导的例子仍旧很少。BiS_2 基超导可能是另一种三重态配对超导体。特别的在低电子掺杂下,我们的结果显示系统会形成时间反演不变的弱拓扑超导相。到目前为止,还没有一个材料被确切证明其是时间反演不变的拓扑超导。在 BiS_2 基超导体中,如果能够被实验证实是三重态配对,将具有很大的意义。但 BiS_2 基超导体的超导性质和机制到现在为止仍然是不确定的,存在着广泛的争议,需要实验和理论的进一步的研究。

参考文献

[1] Y Mizuguchi, H Fujihisa, Y Gotoh, et al. BiS - based layered superconductor $Bi_4O_4S_3$[J]. Physical Review B,2012,86,220510.

[2] Y Mizuguchi, S Demura, K Deguchi, et al. Superconductivity in novel BiS_2-based layered supercon - ductor $LaO_{1-x}F_xBiS_2$[J]. Journal of the Physical

Society of Japan, 2012, 81, 114725.

[3] S Demura, Y Mizuguchi, K Deguchi, et al. New Member of BiS$_2$ - Based Superconductor NdO$_{1-x}$F$_x$BiS$_2$[J]. Journal of the Physical Society of Japan, 2013, 82, 033708.

[4] J Xing, S Li, X Ding, et al. Superconductivity appears in the vicinity of semicon - ducting - like behavior in CeO$_{1-x}$F$_x$BiS$_2$[J]. Physical Review B, 2012, 86, 214518.

[5] R Jha, A Kumar, S K Singh, et al. Synthesis and Superconduc - tivity of New BiS$_2$ Based Superconductor PrO$_{0.5}$F$_{0.5}$BiS$_2$[J]. Journal of Supercon - ductivity and Novel Magnetism, 2013, 26, 499.

[6] D Yazici, K Huang, B D White, et al. Superconductivity of F - substituted LnOBiS$_2$ (Ln = La, Ce, Pr, Nd, Yb) compounds[J]. Philosophical Magazine, 2013, 93, 499.

[7] X Lin, X Ni, B Chen, et al. Superconductivity induced by La doping in Sr$_{1-x}$La$_x$FBiS$_2$[J]. Physical Review B, 2013, 87, 020504.

[8] D Yazici, K Huang, B D White, et al. Superconductivity induced by electron doping in La$_{1-x}$M$_x$OBiS$_2$ (M = Ti, Zr, Hf, Th)[J]. Physical Review B, 2013, 87, 174512.

[9] G Lamura, T Shiroka, P Bonfa`, et al. S - wave pairing in the optimally doped LaO$_{0.5}$F$_{0.5}$BiS$_2$ superconductor[J]. Physical Review B, 2013, 88, 180509.

[10] P Srivastava, S Patnaik, Evidence for fully gapped strong coupling s - wave superconductivity in Bi$_4$O$_4$S$_3$[J]. Journal of Physics: Condensed Matter, 2013, 25, 312202.

[11] S Li, H Yang, D Fang, et al. Strong coupling superconductivity and prominent superconducting fluctuations in the new superconductor Bi$_4$O$_4$S$_3$[J]. Science China Physics, Mechanics and Astronomy, 2013, 56, 2019.

[12] L K Zeng, X B Wang, J Ma, et al. Observation of anomalous temperature depen - dence of spectrum on small fermi surfaces in a BiS$_2$ superconductor[J]. Physical Review B 2014, 90, 054512.

[13] Z R Ye, H F Yang, D W Shen, et al. Electronic structure of single crystalline NdO$_{0.5}$F$_{0.5}$BiS$_2$ studied by angle - resolved photoemission spectroscopy [J]. Physical Review B, 2014, 90, 045116.

[14] X Wan, HC. Ding, S Y Savrasov, et al. Electron - phonon superconductivity near charge - density - wave instability in LaO$_{0.5}$F$_{0.5}$BiS$_2$:

Density – functional calculations[J]. Physical Review B,2013,87,115124.

[15] H Usui,K Suzuki,K Kuroki. Minimal electronic models for supercon – ducting BiS_2 layers[J]. Physical Review B,2012,86,220501.

[16] T Yildirim. Ferroelectric soft phonons,charge density wave instability, and strong electron – phonon coupling in BiS_2 layered superconductors: A first – principles study[J]. Physical Review B,2013,87,020506.

[17] G B Martins, A Moreo, E Dagotto. RPA analysis of a two – orbital model for the BiS_2 – based superconductors[J]. Physical Review B, 2013, 87,081102.

[18] T Miyake F. Aryasetiawan, Screened Coulomb interaction in the maximally localized Wannier basis[J]. Physical Review B,2008,77,085122.

[19] T O Wehling, E Sasıoglu, C Friedrich, et al. Strength of Effective Coulomb Interactions in Graphene and Graphite[J]. Physical Review Letters, 2011,106,236805.

[20] X L Qi,S C Zhang. Topological insulators and superconductors[J]. Reviews of Modern Physics,2011,83,1057.

[21] S Demura,K Deguchi,Y Mizuguchi,et al. Coexistence of Bulk Super- conductivity and Magnetism in $CeO_{1-x}F_xBiS_2$[J]. Journal of the Physical Society of Japan,2015,84,024709.

[22] DVollhardt,P Wolfle. The superfluid phases of helium 3 [M]. Courier Corporation,2013.

[23] A P Mackenzie, Y Maeno. The superconductivity of Sr_2RuO_4 and the physics of spin – triplet pairing[J]. Reviews of Modern Physics,2003,75,657.

[24] M Sato, S Fujimoto. Topological phases of noncentrosymmetric supercon – ductors: Edge states,Majorana fermions,and non – Abelian statistics [J]. Physical Review B,2009,79,094504.

[25] M Sato, Y Takahashi, S Fujimoto, et al. Non – Abelian topological orders and Majorana fermions in spin — singlet superconductors[J]. Physical Review B,2010,82,134521.

第 3 章 掺杂 Sr_2IrO_4 超导机理和配对对称性研究

3.1 研究背景

　　铜氧化物高温超导体的母体一般是 3d 轨道的 Mott 绝缘体。如果回顾高温超导之前的理论研究,从 Anderson 共振价键(RVB)的图像来看,Mott 绝缘体内部电子定域在晶体格点,相邻的两个格点上的自旋相反的电子形成单重态配对。共振价键的基态是由各种可能形式的自旋单重态线性组合而成。如果此时体系掺入电子或空穴,单重态就会在空间流动并保持配对关系,形成超导。尽管这一理论还存在着争议,但也在一定程度上解释了铜氧化物高温超导的机制,即 Mott 绝缘内部电子的定域态和超导是密切相关的。一般情况下 Mott 绝缘体是 3d 轨道过渡金属化合物,因为 3d 轨道电子库仑相互作用较大而能带较窄。而对于 4d 或更高的 5d 轨道化合物,由于电子的关联作用较小,一般认为不会出现 Mott 绝缘行为。但是一些 5d 轨道的化合物如 Sr_2IrO_4,Ba_2IrO_4,Na_2IrO_3 和 $Cd_2Os_2O_7$ 中却出现了类似 Mott 绝缘的行为,这一奇特的现象引起了人们广泛重视和研究。在这些化合物中,Sr_2IrO_4 是其中重要代表材料,相关的研究最多。首先因为它早在 1957 年就被发现,其次因为它的晶体结构和电子性质与 La_2CuO_4 和 Sr_2RuO_4 都有一些相似之处。在本章中,我们主要介绍 Sr_2IrO_4 的实验现象和使用 SMFRG 方法对两种不同掺杂情况进行研究。

　　Sr_2IrO_4 晶体是具有 K_2NiF_4 结构的层状化合物,其晶体点群如图 3-1(b)图所示。它的晶体结构和 La_2CuO_4 特别是 Sr_2RuO_4 比较相似。有层状结构并且单层的 Ir-O 组成正方面。但不同的是,在 Sr_2IrO_4 中,氧原子组成的八面体绕着 c 轴旋转了一个小的角度(11 度),如图 3-1 所示。这种旋转造成了 Sr_2IrO_4 中独特的磁性结构,后文会进一步叙述。图 3-2 给出了电阻率的测量,表明 Sr_2IrO_4 表现出

Mott 绝缘行为。造成这一现象的一个合理解释是自旋轨道耦合的影响。在铜氧化物和铁基超导体中，我们研究的是 3d 轨道，自旋轨道作用不明显，一般不予考虑。但对于 5d 轨道的原子，由于原子质量较大，因此要考虑自旋轨道耦合的影响。

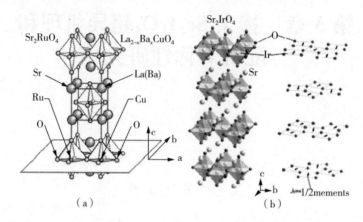

图 3-1　Sr_2IrO_4 与铜氧化物 La_2CuO_4 和 Sr_2RuO_4 的晶体结构比较示意图

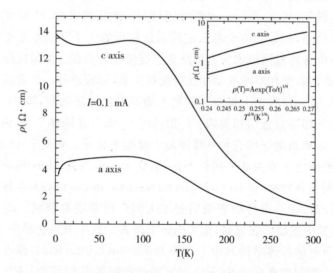

图 3-2　在电流 I=0.1 mA 时，Sr_2IrO_4 沿不同晶体轴方向电阻率随温度的变化

　　文献[7]用多种实验手段（包括角分辨光电子，光电导的测量，X 射线吸收谱的测量），并结合第一性的计算结果，来解释在 Sr_2IrO_4 中 Mott 绝缘态出现的原因。具体来说，Sr_2IrO_4 的电子性质主要由 Ir 的 5d 轨道贡献。晶体场使得 5d 轨道分为远离费米面的 e_g 能级和费米能附近的 t_{2g} 能级。在自旋轨道耦合的影响下，t_{2g} 能级进一步分裂为 $J_{eff}=1/2$ 两重态和 $J_{eff}=3/2$ 四重态，其中 J_{eff} 为赝自旋是综合考虑

轨道角动量和自旋角动量的结果。$J_{eff}=3/2$ 在费米能以下远离费米能,费米能附近主要是半满的 $J_{eff}=1/2$ 能带。$J_{eff}=1/2$ 的能带宽度较小,这时即使一个较小的库仑作用 U,也能使 $J_{eff}=1/2$ 能带劈裂。类似于 3d 轨道的 Mott 绝缘体,Sr$_2$IrO$_4$ 也劈裂成 $J_{eff}=1/2$ 上 Hubbard 带和 $J_{eff}=1/2$ 的下 Hubbard 带,在费米能级形成能隙使得体系出现绝缘行为。因此 Sr$_2$IrO$_4$ 也被称为 $J_{eff}=1/2$ 的 Mott 绝缘体。图 3-3 形象地说明了这一过程。有很多相关的实验证明了这一解释合理性,更直观的实验证据是 2009 年用共振 X 射线散射(RXS)测得。

除了 Mott 行为,Sr$_2$IrO$_4$ 另外一个引起广泛研究的是其磁性。早期对 Sr$_2$IrO$_4$ 的磁化率随温度的变化以及等温磁化的测量都显示它是一个弱铁磁体 $(0.14\mu_B/Ir)$。文献[12]提出铁磁性可能是由晶体在低温下的变形导致的 DM(Dzyaloshinsky - Moriya)作用所致。另外,磁性结构的实验测量显示 Sr$_2$IrO$_4$ 具有一定倾角的反铁磁排列,并且沿 a 轴和 b 磁性差别较大(a 轴方向磁矩是 $0.202\mu_B$,而沿 b 轴方向磁矩仅为 $0.049\mu_B$)。这一类实验包括中子散射(neutron diffraction)以及共振 X 射线散射(RXS)等。中子散射实验同时观测到,倾斜反铁磁的磁性结构的倾角与前面提到的氧八面体的扭转变形角度相近。总而言之,Sr$_2$IrO$_4$ 既有倾斜反铁磁的磁性排列又表现出一定的铁磁性。

对于 Sr$_2$IrO$_4$ 磁性解释,理论上也做了大量的工作。文献[18]运用变分蒙特卡洛方法,证明在一定的相互作用参数下,Sr$_2$IrO$_4$ 由于自旋轨道耦合较大,更容易形成面内的反铁磁基态,并且显示体系在相互作用取固定值时,随自旋轨道耦合作用的增大出现金属到绝缘体的转变。而对反铁磁性排列出现铁磁性,文献[19]做了更理论性的推导,它认为由于氧原子的扭转,体系有两种坐标系分别是局域坐标系和总体坐标系。其中 $J_{eff}=1/2$ 态自旋空间的坐标是定义在局域坐标系中,而有效模型中 H_0 部分是定义在总体坐标系,因此要对原来的模型进行小角度的旋转进而得到了扭曲的 Hubbard 模型。研究这一理论模型对外加磁场场的响应就得到和实验相近的铁磁态。值得注意的是,文献[19]根据扭曲的 Hubbard 模型和铜氧高温超导体的有效 Hubbard 模型对比后发现有很多相似的地方,因此提出在 Sr$_2$IrO$_4$ 体系中,可能会通过掺杂来实现高温超导。我们下一节会简单讨论下 Sr$_2$IrO$_4$ 体系中可能存在非常规超导态的理论假设。

5d 轨道系统中有大的自旋轨道耦合作用(0.4~1.0eV),而库仑相互作用由于 5d 轨道的扩展性而变得较小。这两种相互作用在能量上可比拟,因此可以预见 5d 系统会表现出许多奇特的量子相。前面提到 Sr$_2$IrO$_4$ 体系表现出 $J_{eff}=1/2$ 的 Mott 绝缘行为,一个很自然的问题是是否可以通过掺杂在这一体系中实现非常规超导。虽然目前为止,还没有在 Sr$_2$IrO$_4$ 中观测到超导相变,但理论上已经做了多种假设和讨论。除了上文基于与铜氧化物高温超导体的理论模型相似而提出的可能性

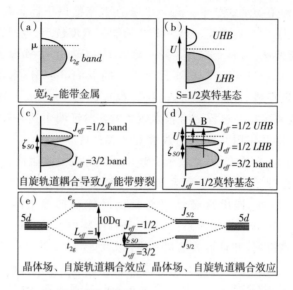

图 3-3 Sr$_2$IrO$_4$ 形成赝自旋 1/2(J$_{eff}$ = 1/2) 的 Mott 绝缘体的示意图

外,Watanabe 等人又运用变分蒙特卡洛对掺杂 Sr$_2$IrO$_4$ 做了关于超导性质方面的研究,如图 3-4 所示。

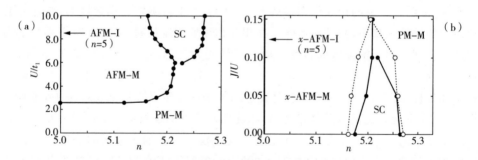

图 3-4 基于三带 Hubbard 模型变分蒙特卡洛(VMC)得到的结果

基于包含有自旋轨道耦合作用的多带 Hubbard 模型,Watanabe 等人的主要结论可以用两张相图来归纳。如图 3-4 所示,首先对于半满(占据数 $n=5.0$)的情况,体系在一定相互作用参数下(洪特耦合 $J=0$,库仑作用 $U/t_1 > 2.6$,$t_1 = 0.36$ eV)是面内的反铁磁的绝缘态(判断磁序是否在面内需一定的 J),随着电子掺杂,体系先变为反铁磁金属,在 $n=5.2$(20% 电子掺杂时)左右时出现 $d_{x^2-y^2}$ 波的超导相。验证了电子掺杂区域存在有超导的基态。在图 3-4(b)中,文献还考虑了 J 的影响,认为超导性随着 J 的增加很快被压制,但当 U 较大时,这种影响减弱。然而,空穴掺杂时变分蒙特卡洛却没有观测到超导相。

掺杂 Sr_2IrO_4 的超导性质目前还处于理论假设阶段,需要用其他理论来验证以及分析其可能的超导性。首先,在超导相中,超导能隙方程的自旋和轨道是怎样组合的,同所谓的面内倾斜反铁磁的母体有什么联系;其次,体系空穴掺杂情况仍值得进一步的探讨;最后,在大的自旋轨道耦合影响下,超导的性质和以前广泛研究的 3d 铜氧和铁基超导体有什么异同。因此,我们运用 SMFRG 方法对 Sr_2IrO_4 体系可能出现的超导相及其性质做了进一步的探讨。因为 SMFRG 方法能够研究所有的电子失稳,并且它同时把握多个通道的情况和之间的关系,在处理包含多轨道和自旋这种多自由度体系时,更得心应手。

3.2　对掺杂 Sr_2IrO_4 非常规超导配对的 SMFRG 研究

我们基于多带扩展的 Hubbard 模型来研究系统性质。其中,动能项 H_0 既包含自旋不变的部分 H_{Kin},也包含自旋轨道耦合部分 H_{SOC}。我们用的是文献[18,20]给出的三轨道模型,H_{SOC} 写为

$$H_{SOC} = -\frac{1}{2}\lambda \sum \psi_j^+ \boldsymbol{L} \cdot \boldsymbol{\sigma} \psi_j \tag{3-1}$$

其中,ψ_j 是 j 格点的湮灭算符,L 是轨道空间角动量算符,$\sigma/2$ 为自旋空间角动量算符。$\boldsymbol{L}$ 矢量用三个轨道基矢(d_{xz}, d_{yz}, d_{xy})表示,即

$$\boldsymbol{L}_x^{31} = -L_x^{13} = L_y^{23} = -L_y^{32} = L_z^{12} = -L_z^{21} = i \tag{3-2}$$

自旋轨道耦合作用取为 0.5 eV。此模型对应的能带结构和态密度如图 3-6 所示,其中中间的横线代表半满能级。应该注意的是,每个能带都是二重简并的。另外从图 3-5 可以看出,最上面的能带在布里渊区 $X(\pi,0)$ 处有 van Hove 奇异性,使得这个系统容易受关联作用的影响。

哈密顿里的相互作用项 H_I 包括轨道内库仑排斥作用 U,轨道间排斥作用 U',洪特自旋交换相互作用 J,以及轨道间对跳跃项 J'。我们遵循它们之间的 Kanamori 关系,即 $U=U'+2J$ 和 $J=J'$ 来减少独立参数。我们按照以前 cRPA 和其他理论工作给出的参数范围来计算,取 $U=2\sim3$ eV 并且 $J/U=0.05\sim0.20$。

接下来,我们给出图 3-5 所示的两种掺杂状况下(对应于电子型掺杂和空穴掺杂情况)下,SMFRG 得到的 Sr_2IrO_4 体系超导相的结果。掺杂是通过刚带近似来实现的。类似于 BiS_2 基超导体中的讨论,定义 $S(\boldsymbol{Q})$ 为粒子-粒子散射通道或粒子空穴散射通道增长的最迅速的模式的本征值,其中 $\boldsymbol{Q}$ 表示与之紧密相关的动量矢量而 $\phi(k,\boldsymbol{Q})$ 表示其本征函数。

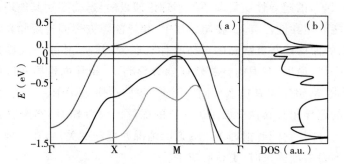

图 3 - 5　Sr₂IrO₄考虑自旋轨道耦合后的能带结构

3.2.1　电子掺杂下的 $d^*_{x^2-y^2}$ 波超导

通过电子掺杂，系统的占据数 n 被调高至 5.20 处，对应于图 3 - 5 最高的横线。此时的费米面主要由最上端的能带独自贡献，由图 3 - 5 所示。在这里，我们要强调下 SMFRG 包含了所有能带的虚激发的信息，因为它的流动是在轨道空间中，包含所有轨道信息。为了更好地说明计算结果，我们取 $U=2.4$ eV 和 $J/U=0.055$（J 和 U 的关系后文会继续讨论）。在各个散射通道中，占主导地位的本征值 $S_{pp,ph}$ 随能标减少的流动由图 3 - 6 给出。

首先我们来看粒子空穴散射通道，经过了几种动量的变换，最终 $S_{ph}(q)$ 稳定在 $Q=(\pi,\pi)$ 附近。我们在图 3 - 6(b) 的插图中给出了重整化流最后一步流动后粒子空穴散射通道的有效相互作用在 q 动量空间的分布，从中也可看到其峰值在布里渊区的顶点附近。经查看模式结构因子，发现它描述的是两个简并的模式。

其中一个模式写为

$$\phi_{ph} \sim \begin{bmatrix} -0.21\sigma_1 & 0.23\sigma_2 & -0.06i\sigma_0 \\ 0.23\sigma_2 & 0.15\sigma_1 & 0.16\sigma_3 \\ 0.06i\sigma_0 & 0.16\sigma_3 & -0.14\sigma_1 \end{bmatrix}$$

另外一个写为

$$\phi_{ph} \sim \begin{bmatrix} 0.15\sigma_2 & 0.23\sigma_1 & 0.16\sigma_3 \\ 0.23\sigma_1 & -0.21\sigma_2 & 0.06i\sigma_0 \\ 0.16\sigma_3 & -0.06i\sigma_0 & -0.14\sigma_2 \end{bmatrix}$$

这些结构因子可通过自旋轨道的综合转动从一种模式变为另一种模式。它与 k 无关，证明其描述的是在位的反铁磁自旋涨落。这种涨落可能由费米面的嵌套

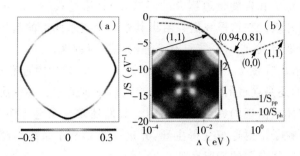

图 3-6　$n=5.20$ 时 SMFRG 的计算结果

结构导致,并且因为靠近 van Hove 奇点,被进一步加强。同时从中还可以看出这种反铁磁涨落在自旋轨道耦合作用的影响下,具有易平面(easy plane)各向异性。上述两式中的对角方向的数值描述的是体系实际的物理自旋,明显可以看出是在 x-y 平面内(σ_0 部分的操作代表 $L_{x,y}$,描述的是轨道角动能。并且轨道间的自旋部分和在 Kagome 格子内连接不同原子之间的扩展的自旋密度序相类似)。另外,这一结果和实验在母体 Sr₂IrO₄ 中发现面内的易平面(easy plane)各向异的反铁磁序一致。

从图 3-6 中,我们还可以看到 $S_{ph}(q)$ 在能标 $\Lambda=0.1$ eV 下被加强,它引起了粒子-粒子散射通道的有效相互作用增加并最终发散,说明体系最终形成超导序。我们可以按照上一章的方式写下配对函数的具体形式,即

$$g_k^{11/22} \sim (\mp 0.35 \pm 0.20 c_{y/x} \mp 0.08 c_{x/y})\sigma_0$$

$$g_k^{33} \sim 0.07(c_y - c_x)\sigma_0$$

$$\gamma_k \sim (0.12 c_x - 0.15 c_y)L_x\sigma_1 + (0.15 c_x - 0.12 c_y)L_y\sigma_2 + 0.23(c_x - c_y)L_z\sigma_3$$

$$(3-3)$$

其中,$c_{x/y} = \cos k_{x/y}$,g_k 为自旋单重态,而 γ_k 为三重态。我们可以看出超导单重态部分具有 $d_{x^2-y^2}$ 的对称性。这种形式的配对对应于上面提到的反铁磁涨落。而三重态部分主要是在最近邻键上,都由单个轨道配对(orbital-singlets)。在同时考虑自旋和轨道的转动的点群操作下,三重态部分也具有 $d_{x^2-y^2}$ 的对称性。类似于上一章 BiS₂ 的讨论,我们将这种超导配对命名为 $d_{x^2-y^2}$ 波。

我们还可验证配对函数具有时间反演不变性,这是因为在正方形格子中 d 波本来就不具有简并性。超导配对函数还可以转化到能带空间内,图 3-6 给出了能带空间能隙函数在布里渊区的分布。值得注意的是,超导能隙在两重简并的费米面上的形式相同。这是由于能隙的符号和自旋劈裂的能带的关系由三重态决定,

而此时系统的三重态和自旋轨道耦合的形式相同(通过式(3-2)可以看出),因而没有打破这种简并性。在这里我们只给出其中一个费米面上的超导能隙分布。从图中我们可以清晰看到,此时系统具有 d 波的超导对称性。

最后,我们指出在图 3-6(b)的插图中,$q \sim (0,0)$ 的附近有比较小的峰值。经查看,它描述的还是在位的自旋涨落,却是沿着 z 轴的。这种铁磁性涨落可能是磁性测量中看到体系出现弱铁磁性的原因。我们还发现在空穴掺杂下,这种小波矢的磁性涨落在粒子散射通道变得主导,并进一步影响了系统的超导性质。下一节将详细讨论空穴掺杂下的情况。

3.2.2 掺杂诱发的超导相及对称性

我们现在讨论下空穴掺杂下的情况,能级对应于图 3-5 中最下面的横线。此时,系统的占据数是 4.83。费米面的拓扑结构跟电子掺杂时相比发生了很大的变化:围绕着 $\varGamma$ 点的费米口袋变小而且中间的能带穿越费米面并形成小的围绕 M 点的费米口袋,如图 3-7(a)所示。此时,为了更好地说明结果,我们取 $U=2.4$ eV 和 $J/U=0.175$。图 3-7(b)显示了重整化群的流动。这种情况下,对应于粒子空穴通道本征值 S_{ph} 的 Q 从高能标的 (π,π) 在较低低能标变为小波矢。在插图中我们给出了最后一步流动的 $S_{ph}(q)$ 在 q 空间的分布,从中也可以看出,最主要的峰值分布在小波矢上,而次主要的峰值在 $(\pi,\pi/4)$。经查看,我们发现波矢对应 $(\pi,\pi/4)$ 的粒子空穴散射模式也是自旋涨落,这种较大波矢的自旋涨落很可能跟费米口袋内散射联系在一起,在此例中与 $\varGamma$ 和 M 两个费米口袋之间的散射有关,如图 3-7(a)所示。按照前例,我们同样用矩阵的形式写出最主要的 S_{ph} 的结构因子 $\phi(k,Q)$ 是

$$\phi_{ph} \sim \begin{bmatrix} -0.21\sigma_1 & 0.23\sigma_2 & -0.06\boldsymbol{i}\sigma_0 \\ 0.23\sigma_2 & 0.15\sigma_1 & 0.16\sigma_3 \\ 0.06\boldsymbol{i}\sigma_0 & 0.16\sigma_3 & -0.14\sigma_1 \end{bmatrix} \qquad (3-4)$$

对比电子掺杂的情况,空穴掺杂时自旋涨落发生了明显的变化。式(3-4)实际物理自旋的对角项占主导,它描述了沿着 z 轴的在位自旋涨落。因此,此时系统内可能有易轴(easy axis)的铁磁性涨落。这种涨落在中间能标窗口被加强,随之诱导了在粒子-粒子散射通道的吸引相互作用。对应的 $S_{pp}(q)$ 迅速增长并最终通过 Cooper 机制发散,意味着系统形成超导序。我们可以得到最终的超导配对函数 ϕ_{pp},即

$$g_k^{11/22} \sim (0.15c_{x/y}+0.02c_{y/x})\sigma_0$$

$$g_k^{33} \sim [0.37 - 0.03(c_x + c_y)]\sigma_0$$

$$\gamma_k \sim 0.07(L_x\sigma_1 + L_y\sigma_2) + [0.40 - 0.05(c_x + c_y)]L_z\sigma_3 \qquad (3-5)$$

遵循前面的对称性分析我们可以明显看出配对函数具有 s 波的对称性。自旋单重态 g_k 和三重态 γ_k 大小是可比拟的，而且都是时间反演不变。接着，将配对函数投影到能带空间，如图 3-7(a)所示。明显看到，能隙在每个口袋是各相同性的，但从 Γ 到 M，能隙改变符号。对于单重态，这种符号改变和上面提及的次重要的自旋涨落$(\pi, \pi/4)$有关。而三重态配对是由主要的铁磁涨落诱导。我们根据对称性和费米面上能隙的分布将这种配对函数命名为 $s^{\pm}_{\pm}$ 波。且不说三重态部分，这 $s^{\pm}_{\pm}$ 波使我们联想到铁基超导里所谓的 $s\pm$ 波超导配对。类似于电子掺杂的情况，自旋三重态和自旋轨道耦合的形式相同，所以能隙函数在两个简并的费米面上的形式是相同的，我们仍旧只给出一套费米面上能隙的分布。

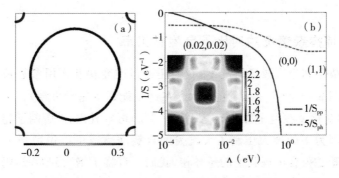

图 3-7　$n = 4.83$ 时 SMFRG 的计算结果

我们还研究了体系深度空穴掺杂的情况，除了粒子空穴散射通道主导的波矢 Q 变得更大点外，次主导的波矢也变得更接近(π, π)点。我们简单地只给出 $n = 4.25$ 的情况。相互作用仍取 $U = 2.4$ eV 和 $J/U = 0.175$，此时能隙在费米面上的投影和重整化群的流动分别如图 3-8(a)(b)所示。我们观察到围绕 M 点空穴口袋是准嵌套的，对应于这种结构的费米口袋内自旋涨落使得超导通道很快发散($\sim$ 30 MeV)。我们写下最终的超导配对函数 ϕ_{pp}，即

$$g_k^{11/22} \sim [(-0.11 - 0.30(c_x + c_y)]\sigma_0,$$

$$g_k^{33} \sim [-0.21 - 0.14(c_x + c_y)]\sigma_0$$

$$\gamma_k \sim (0.17 - 0.02c_x - 0.12c_y)L_x\sigma_1 + (0.17 - 0.12c_x - 0.02c_y)L_y\sigma_2$$

$$+ [0.19 + 0.04(c_x + c_y)]L_z\sigma_3 \qquad (3-6)$$

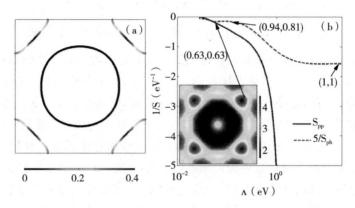

图 3 - 8 $n=4.25$ 时 SMFRG 的计算结果

配对函数的对称性不变,大体和上面的空穴掺杂情况相同,除了最近邻的配对增强之外。

3.2.3 两种掺杂情况的对比及自旋磁化率

在电子掺杂和空穴掺杂情况下,我们还通过改变相互作用参数来得到更系统性的结果。图 3 - 9 给出了临界能标 Λ_c(在这个能标下超导失稳)在不同大小的 U 下随 J/U 的变化。在电子掺杂下,从图 3 - 9(a)可以看出,J 压制了超导相的临界能标。这是因为 J 的增大压制了大波矢的自旋涨落或可以说增强了小波矢的散射。为了检验是否会出现其他的超导相,我们一直将 J 增大到 $U/2$,仍然没有发现其他超导相。证明在系统在电子掺杂下只会出现 $d_{x^2-y^2}$ 超导失稳。对于空穴掺杂情况,图 3 - 9(b)显示 $s_{\pm}^*$ 波配对却被 J 加强。在本章的第一节的所提到的参数的范围内,我们仍未发现粒子空穴通道失稳或其他的超导配对失稳。最后,对比图 3 - 9 的两幅图,我们相信如果实际体系中 J 比较大,空穴型掺杂能够得到更高的超导转变温度。

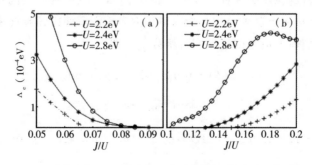

图 3 - 9   SMFRG 计算得到的相同掺杂时超导转变温度随相互作用的变化曲线

由于 $d\hat{x}^2-y^2$ 波能隙在费米面上有节点,而 $s_{\pm}^{*}$ 波能隙在费米面上却没有节点。所以这两种不同形式的超导相既可以通过低温热力学测量来区分开,比如比热和超流密度的测量等;也可以由光谱学相关的实验来区分,比如角分辨光电子谱(ARPES)和扫面隧道显微镜等。自旋向异性的改变可以简单地从中子散射来探测。然而,由于这两种配对都有自旋单重态和三重态并且两者大小可比拟,所以自旋磁化率的不同点不是很明确。于是,我们还凭借 SMFRG 得到的有效相互作用(临近最终发散处),对这两种掺杂情况进行平均场计算,最终得到其对应的不同温度下的轴分辨的自旋磁化率 $\chi^{xx,yy,zz}$。$d\hat{x}^2-y^2$ 的自旋磁化率如图 3-10(a)所示,$s_{\pm}^{*}$ 的结果由图 3-10(b)给出。在这两种情况下,当 $T\to 0$ 时,磁化率都比正常态高了 40%,并且 $\chi_{xx,yy}$ 与 χ^{zz} 具有各向异性。两种情况下自旋磁化率行为,联合光谱学方面的测量,足够验证我们的上述理论计算得到的配对形式。

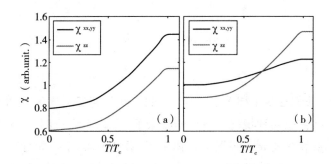

图 3-10　自旋磁化率 $\chi^{xx,yy,zz}$ 随温度的变化

3.2.4　不同掺杂情况下的计算

为了得到体系超导配对随掺杂情况的变化,我们还对不同的掺杂情况做了系统性的计算。通过刚带近似,改变化学势从而改变掺杂浓度。图 3-11 显示了超导发散能标 Λ_c 随着掺杂浓度 n 的变化。灰色的区域表示这段区域由于非常靠近 Mott 绝缘区,所以无法用 FRG 方法来计算。我们主要关注远离此区域的电子型或空穴型掺杂。为了更好地说明结果,我们选定 $U=2.4$ eV。原则上,我们也需要固定 J 来得到各个掺杂情况的信息,但前面已经提到过对于电子掺杂情况,J 会压制超导,所以我们在电子掺杂时固定 $J/U=0.055$,在空穴掺杂时固定 $J/U=0.175$。从图上可以看出,电子掺杂时($n>5.0$),超导相的区域很小,仅仅只在 $n=5.20$ 附近。此时体系靠近 van Hove 奇点。然而,在空穴掺杂时($n>5.0$),超导区域从 $n\leqslant 4.83$ 一直到深度掺杂都有。并且能标一直随着空穴浓度加强,直到 $\Lambda_c\sim 30$ MeV。由此我们可以推断 Sr₂IrO₄ 可能实现高温超导。

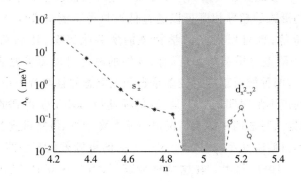

图 3-11　SMFRG 计算得到的超导发散能标随不同掺杂浓度的变化曲线

3.3　小　结

在本章中,我们探索了掺杂 Sr_2IrO_4 可能存在的高温超导区及超导性质,分为电子掺杂和空穴掺杂两种情况。在电子掺杂下,我们发现了 $d_{x^2-y^2}^*$ 超导相,由面内的反铁磁自旋涨落诱导。而在空穴掺杂下,系统易形成 s^* 超导配对,跟面间的自旋涨落和费米口袋内散射有很大关系。值得注意的是,随着不同载流子的掺杂,系统发生自旋涨落的变化并出现超导相的转变的这种现象也由 Wang Fa 等人在两层 Hubbard 模型中讨论过,但他们的模型没有考虑自旋轨道耦合作用。在两种情况下,超导都既有自旋单重态和三重态配对,并且二者的大小可比拟。我们的结果显示,洪特耦合 J 在两种情况下都增强小波矢散射,因而在电子(空穴)掺杂时压制了(提高了)超导发散能标。最后,我们还给出了发散能标随着掺杂浓度的变化。发现电子掺杂出现 $d_{x^2-y^2}^*$ 超导的区域很窄,而空穴掺杂下,系统形成 $s_{\pm}^*$ 波超导相的区域范围很大。

但由于到目前为止在 Sr_2IrO_4 中,通过电子掺杂还没有实现超导转变。我们的研究显示,通过空穴掺杂在 Sr_2IrO_4 中实现超导可能是另外一个新的方向。从实验上来看,很早就已经实现了在 Sr_2IrO_4 用同价的 Ca、Ba 代替 Sr,最近还有另一种 Ir 化合物实现了用 Ru 来替换 Ir,所以空穴掺杂应该能够实现,即在 Sr_2IrO_4 中,用 K、Na 来替换 Sr。最后,我们期望我们对掺杂 Sr_2IrO_4 的研究,能够对其他 5d 轨道化合物,如 Ba_2IrO_4,Na_2IrO_3 等或者与 Sr_2IrO_4 结构相近的 Sr_2RhO_4 的研究产生一定的帮助。

参考文献

［1］P A Lee,N Nagaosa,X G Wen. Doping a Mott insulator: Physics of high-temperature superconductivity[J]. Reviews of Modern Physics,78,17 (2006).

［2］J J Randall,L Katz,R. Ward. The Preparation of a Strontium - Iridium Oxide Sr_2IrO_4[J]. Journal of the American Chemical Society,1957,79,266.

［3］H Okabe,M Isobe,E Takayam - Muromachi,et al. Ba_2IrO_4: A spin-orbit Mott insulating quasi - two - dimensional antiferromagnet[J]. Physical Review B,2011,83,155118.

［4］J Matsuno,K Ihara,S Yamamura,et al. Engineering a SpinOrbital Magnetic Insulator by Tailoring Superlattices[J]. Physical Review Letters,2015,114,247209.

［5］Y Singh,P Gegenwart. Antiferromagnetic Mott insulating state in single crystals of the honeycomb lattice material Na_2IrO_3[J]. Physical Review B,2010,82,064412.

［6］D Mandrus,J R Thompson,R Gaal,et al. Continuous metal - insulator transition in the pyrochlore $Cd_2Os_2O_7$[J]. Physical Review B,2001,63,195104.

［7］B J Kim,H Jin,S J Moon,et al. Novel Mott State $J_{eff} = 1/2$ Induced by Relativistic Spin - Orbit Coupling in Sr_2IrO_4[J]. Physical Review Letters,2008,101,076402.

［8］M F Cetin,P Lemmens,V Gnezdilov,et al. Crossover from coherent to incoherent scattering in spin - orbit dominated Sr_2IrO_4[J]. Physical Review B,2012,85,195148.

［9］S J Moon,H Jin,W S Choi,et al. Temperature dependence of the electronic structure of the $J_{eff} = 1/2$ Mott insulator Sr_2IrO_4 studied by optical spectroscopy[J]. Physical Review B,2009,80,195110.

［10］K Ishii,I Jarrige,M Yoshida,et al. Momentum - resolved electronic excitations in the Mott insulator Sr_2IrO_4 studied by resonant inelastic X - ray scattering[J]. Physical Review B,2011,83,115121.

［11］G Cao,J Bolivar,S McCall,et al. Weak ferromagnetism,metal - to - nonmetal transition,and negative differential resistivity in single - crystal Sr_2IrO_4[J]. Physical Review B,1998,57,R11039.

［12］M K Crawford,M A Subramanian,R L Harlow,et al. Structural and magnetic studies of Sr_2IrO_4[J]. Physical Review B,1994,49,9198.

[13] M Ge,L Zhang,J Fan,et al. Critical behavior of the in – plane weak ferromagnet Sr_2IrO_4[J]. Solid State Communications,2013,166,60.

[14] J Kim, D Casa, M H Upton, et al. Magnetic Excitation Spectra of Probed Sr_2IrO_4 by Resonant Inelastic X – Ray Scattering: Establishing Links to Cuprate Superconductors[J]. Physical Review Letters,2012,108,177003.

[15] S Fujiyama, H Ohsumi, T Komesu, et al. Two – Dimensional Heisenberg Behavior of $J_{eff}=1/2$ Isospins in the Paramagnetic State of the Spin – Orbital Mott Insulator Sr_2IrO_4[J]. Physical Review Letters,2012,108,247212.

[16] B J Kim,H Ohsumi,T Komesu,et al. Phase – Sensitive Observation of a Spin – Orbital Mott State in Sr_2IrO_4[J]. Science,2009,323,1329.

[17] F Ye,S Chi,B C Chakoumakos,et al. Magnetic and crystal structures of Sr_2IrO_4: A neutron diffraction study[J]. Physical Review B,2013,87,140406.

[18] H Watanabe, T Shirakawa, S Yunoki. Microscopic Study of a Spin – Orbit – Induced Mott Insulator in Ir Oxides[J]. Physical Review Letters,2010, 105,216410.

[19] F Wang, T Senthil. Twisted Hubbard Model for Sr_2IrO_4: Magnetism and Possible High Temperature Superconductivity[J]. Physical Review Letters, 2011,106,136402.

[20] H Watanabe,T Shirakawa,S Yunoki. Monte Carlo Study of an Unconventional Superconducting Phase in Iridium Oxide $J_{eff} = 1/2$ Mott Insulators Induced by Carrier Doping[J]. Physical Review Letters,2013,110,027002.

[21] R Arita,J Kunes, A V Kozhevnikov, et al. Ab initio Studies on the Interplay between Spin – Orbit Interaction and Coulomb Correla – tion in Sr_2IrO_4 and Ba_2IrO_4[J]. Physical Review Letters,2012,108,086403.

[22] Y Yang,W S Wang,Y Y Xiang,et al. Triplet pairing and possible weak topological superconductivity in BiS_2 – based superconductors[J]. Physical Review B,2013,88,094519.

[23] I I Mazin, D J Singh, M D Johannes, et al. Unconventional Superconductivity with a Sign Reversal in the Order Parameter of $LaFeAsO_{1-x}F_x$ [J]. Physical Review Letters,2008,101,057003.

[24] W Cho,R Thomale,S Raghu,et al. Band structure effects on the superconductivity in Hubbard models[J]. Physical Review B,2013,88,064505.

[25] T Shimura, Y Inaguma, T Nakamura, et al. Structure and magnetic properties of $Sr_{2-x}A_xIrO_4$ (A = Ca and Ba) [J]. Physical Review B, 1995,

52,9143.

[26] C Dhital, T Hogan, W Zhou, et al. Carrier localization and electronic phase separation in a doped spin–orbit–driven Mott phase in $Sr_3(Ir_{1-x}Ru_x)_2O_7$ [J]. Nature Communications,2014,5,3377.

第 4 章 Sr_2RuO_4 三轨道模型的理论研究

4.1 研究背景

众所周知,在铜氧高温超导和新近发现的铁基超导里,库珀对都是单重态配对的。而目前人们确认的三重态配对只存在于中性的超流体 ^{3} He 中。一个很自然的问题就是有没有自旋三重态的超导配对,它会与单重态超导有什么样的不同。Sr_2RuO_4 便是人们公认的很可能是三重态配对的超导体。因此引起了广泛的关注。

在 Sr_2RuO_4 中发现超导转变后不久,尽管它的超导转变温度很低(目前为止为1.5K),但人们从理论上推断它会是一种非常规超导体。Rice 等人将 Sr_2RuO_4 与 ^{3}He 类比说明其配对为三重态,并预测到核磁共振实验(NMR, nuclear magnetic resonance)奈特位移(Knight shift)的结果。随后的核磁共振实验确实看到了这一现象。Ishida 等人,通过在 Sr_2RuO_4 ab 平面内加入外加磁场,发现在 O 和 Ru 原子位置仔细测得的两种奈特位移在超导转变温度附近是不变的,而这种现象与 d 波超导中完全不同,如图 4-1 左图所示。这一实验结果证明了 Sr_2RuO_4 是自旋三重态配对。另外,μSR 和极化中子散射等实验又发现其中超导可能是手征性的,并且时间反演破缺。图 4-1 中右图给出了 μSR 的实验结果。

因此,越来越多的研究表明 Sr_2RuO_4 为具有手征性的三重态 p 波的超导体。最近,Sr_2RuO_4 再度引起广泛的关注。因为有研究发现,在磁通涡旋内,Sr_2RuO_4 会出现零能的 Majorana 束缚态。这使得它很可能成为拓扑量子计算的基石。然而,Sr_2RuO_4 还存在许多有争议的地方:第一点,按照预想,Sr_2RuO_4 中 p 波的自旋三重态超导是由小波矢的铁磁涨落诱导的。但实验上观测到温度比较高时系统为大波矢的自旋密度波涨落,只有温度较低时才有小波矢 SDW 涨落的迹象。而对这个问题的解答是理解 Sr_2RuO_4 超导机制的关键。第二点,理论上推测由于 Sr_2RuO_4 具有手征性的超导态,因此会在 RuO_2 的边缘产生自发性的电流。但是实验上到目前为止还没有确实观测到。对于这种现象的解释,一个原因可能是边缘电流对无序敏感容易被破坏；另一个可能的原因是空穴能带和电子能带拓扑性消除（具体的理论分析参见 Raghu 等人的一些相关文章）。这一假设带来的疑问就是 Sr$_2$RuO$_4$ 中的超导态是否拓扑平庸的。第三点，比热的测量显示在转变温度以下存在有丰富的低能准粒子激发态。这意味着存在着大小不同的多重能隙，这些能隙可能在某一动量点上会有极小值。

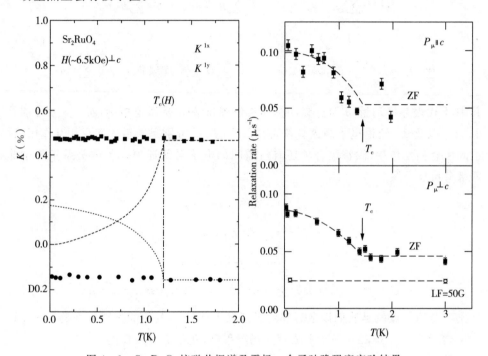

图 4-1　Sr$_2$RuO$_4$核磁共振谱及零场 μ 介子弛豫强度实验结果

　　以前的理论研究要么只关注于两维性的 γ 能带（由 d$_{xy}$ 轨道贡献）的模型，要么是关注准一维性的 α 和 β 能带（由 d$_{xz}$ 和 d$_{yz}$ 轨道贡献）的模型。然而，自旋波矢的演变信息无法由这些偏颇的模型把握，需要我们综合考虑三个能带的共同作用。而之前基于三带模型的微扰方法的处理得到的结论是体系易形成自旋三重态配对，但非公度的自旋涨落干扰了超导配对。这点似乎和我们的一般认识不相符合。综上所述，我们需要一个微观上的理论研究来解释自旋涨落和超导在不同能标和温度下的行为。

4.2　模型和方法

　　我们用两种 FRG 的方法（multi - patch FRG 和 SMFRG）来处理 Sr$_2$RuO$_4$ 的问题。FRG 的方法在前文中已充分论述过。它除了能提供给我们超导配对对称性随能标的演化,还可以提供给我们粒子空穴散射通道中波矢的大小和形式的信息。我们所研究的理论模型为三带模型,包括二维的 γ 带和一维的 α 和 β 带。费米面的形状和 DFT 计算和 ARPES 实验的结果符合得较好。我们研究的三带 Hubbard 模型可写为

$$H = \sum_{k,\sigma} \psi_{k a \sigma}{}^{\dagger} \varepsilon_k{}^{ab} \psi_{k b \sigma} + U \sum_{i,a} n_{ia\uparrow} n_{ia\downarrow} + U' \sum_{\substack{i,a>b \\ a,b}} n_{ia} n_{ib} \qquad (4-1)$$

$$rrrr + J \sum_{i,a>b,\sigma,\sigma'} \psi_{ia\sigma}^{\dagger} \psi_{ib\sigma} \psi_{ib\sigma'}^{\dagger} \psi_{ia\sigma'} + J' \sum_{i,a,b} \psi_{ia\uparrow}^{\dagger} \psi_{ia\downarrow}^{\dagger} \psi_{ib\downarrow} \psi_{ib\uparrow} + V \sum_{\langle ij \rangle} n_i n_j$$

其中,k 代表晶格动量,σ 为自旋,i 是晶格位置,a 和 b 是轨道指标,$\psi_{a=1,2,3}$ 分别是 d_{xz},d_{yz} 以及 d_{xy} 轨道电子湮灭算符,而 U、U'、J、J' 分别是轨道内库仑相互作用、轨道间库仑相互作用、洪特耦合项还有轨道间的电子对跃迁项。色散关系矩阵中非零部分可展开写为

$$\varepsilon_k{}^{11} = -2t_1 \cos k_x - \mu$$

$$\varepsilon_k{}^{22} = -2t_1 \cos k_y - \mu$$

$$\varepsilon_k{}^{12/21} = -4t_2 \sin k_x \sin k_y$$

$$\varepsilon_k{}^{33} = -2t_1'(\cos k_x + \cos k_y) - 4t_2' \cos k_x \cos k_y + \Delta - \mu \qquad (4-2)$$

特别注意的一点就是我们以最近邻的跃迁项为单位 1,其他的参数分别是 $t_2 = 0.1$,$t_1' = 0.8$,$t_2' = 0.35$,$\Delta = -0.2$ 表示晶场劈裂项,化学势 $\mu = 1.1$。

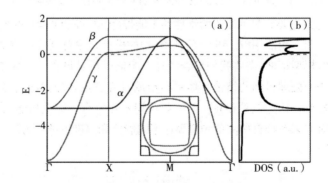

图 4-2 Sr_2RuO_4 三带模型得到的能带结构

模型对应的电子色散如图 4-2(a)所示,其中的插图显示的是费米面,跟实验观测的结果符合得很好。而正常态的态密度的信息由图 4-2(b)给出。从两幅图

中可以看出,γ 带在 X 点有 van Hove 奇异性,并且靠近费米能级,而 α 和 β 能带的带边离费米能级较远。

对于这种既有局部的费米面嵌套结构又有靠近费米能级 van Hove 奇异性的系统,处理起来比较困难。因为体系在不同的散射通道里有着各种序的涨落的竞争和相互作用。解释这种系统中的物理行为一个有效的工具就是 FRG,它平等地看待各个通道中的相互作用,并能抓住各通道之间的影响和联系,还能提供有效作用的波矢量随能标的流动信息。下节我们主要运用前文仔细论述过的 SMFRG 来研究 Sr_2RuO_4 中超导机制和配对对称性。

4.3　FRG 计算结果和讨论

我们选取了相互作用为 $(U,U',J,J')=(3.2,1.3,0.3,0.3)$,图 4-3 为重整化群的流动图。从图 4-3(a)中可以看到,当能标比较高的时候,SDW 通道的涨落占主导地位。在 SDW 通道中占主导的波矢随能标的下降发生了演化,演化过程用箭头标出。主导波矢从 $q=(1,1)\pi$ 演化到了 $q \sim q_1=(0.625,0.625)\pi$。当能标下降到小于 5×10^{-3} 时,自旋波矢演化至 $q \sim q_2=(0.188,0.188)\pi$。我们检验了SDW 通道的结构因子发现 q_2 对应的自旋涨落主要由 γ 带贡献,而 q_1 的涨落主要由 α 和 β 两个带贡献。根据体系能带结构,我们推断 q_2 小波矢散射是由 γ 带临近 van Hove 奇点带来的。值得注意的是,文献[17]~[19]使用一个很小的相互作用来处理 Sr_2RuO_4,所以无法抓住由 van Hove 奇点所带来的影响。只有通过较大的相互作用,才能够使临近 van Hove 点这一特征对体系性质产生作用。自旋涨落的波矢随着能标的跑动(或者可以说随温度的下降)从大到小的演化也和中子散射的实验符合得很好。CDW 通道的信息我们并没有给出,因为它被屏蔽得很低,尽管随能标减小有点加强但仍旧很弱。当能标变得很小时,因为缺少一个很好的嵌套结构,SDW 和 CDW 通道的流动都趋向于平稳。

在图 4-3 的插图中,我们给出了重整化群最后一步流动时自旋通道主导的本征值在 q 上的分布。可以看到自旋通道的有效相互作用的峰值在 q_2 点上,但 q_1 动量点的本征值大小也可与之比拟。这两个自旋波矢描述的都是在位的自旋涨落。配对吸引相互作用在中间的能标中通过自旋通道诱导出来。随着主导自旋涨落波矢的变化,主导的超导涨落也随能标的下降发生了改变。图 4-3(b)中,我们画出了超导通道 10 个主要的吸引配对模式。低能标下,我们发现最强的增长模式对应两重简并的 p 波。这种简并性来自 C_{4v} 点群对称性的要求。对比图 4-3(a)(b)两图中对应两个散射通道可以看到,两重简并的 p 波的配对模式虽然早就存在但当

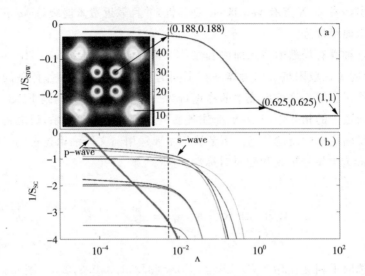

图 4-3　自旋通道、超导通道中主导的本征值的 FRG 流动图

q_2 占主导时,才迅速被加强(从图中被加粗的线可以看出)。这种现象证明了自旋三重态配对是由小波矢的铁磁涨落 q_2 诱导的。最后超导通道随能标对数型线性流动,这和自旋还有电荷散射通道最后变得平缓的行为是相互呼应的。

我们接着具体分析下 p 波超导态的配对函数。在图 4-4(a)显示这两种简并 p 波配对函数对应的结构因子在费米面上的分布。在这种情况下,SMFRG 算出的能隙函数在 γ 带上的要远远大于 α 和 β 带上的,这一结果和 patch FRG 的结果是大致符合的。SMFRG 给出的对应于这两个简并模式的配对函数可以近似写为 $p_k = p_1 \sin k_x + p_2 \cos k_y \sin k_x$ 和 $p'k = p_1 \sin k_y + p_2 \cos k_x \sin k_y$ 这里的 $p_1/p_2 = -0.4375$。从中可以看出次紧邻上的配对是最重要的。对于超导态的性质,我们还利用 FRG 得到的重整化的有效相互作用接着做了平均场的计算。结果显示,上述 p 波其实对应于手征性的 $p \pm ip'$ 态,体系通过打破时间反演对称来获得最大化的凝聚能。图 4-4(b)给出了这种配对情况下能隙的大小在费米面上的分布,为了更清楚地说明结果,我们在图 4-4(c)中画出了三个带上的能隙大小随费米角 θ 的变化。从中可以明显看到,在布里渊区 X/Y 点附近,γ 带上的能隙有着极小值。对这种类型的能隙我们做如下解释:通常情况下,p 波形式的配对是由前向散射(后向散射)的吸引(排斥)作用确立的。而倒逆(umklapp)散射对后向散射的贡献只涉及小波矢的转换,这带来相消的干扰作用。从这个角度考虑,Sr_2RuO_4 费米面的 X/Y 点附近,p 波配对无法通过态密度的增强而获益。相应地,能隙在这些点附近最小(我们得到 ~ 0.1 MeV)。这么小的临界能量标度也解释了小波矢的自旋涨落出现较迟的原因。并且由于次级近邻的配对 p_2 和最近邻配对 p_1 的符号相反,又使得能隙的极小值进一步被加深。γ 带能隙极小值行为也由 multi‑patch FRG 得到,如图 4‑4(d)所示。

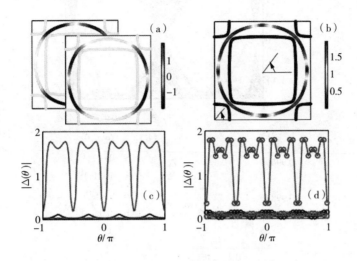

图 4‑4　SMFRG 计算得到的超导能隙在费米口袋上的分布情况以及与 patch FRG 结果的比较

大体上,multi‑patch FRG 和 SMFRG 得到的能隙是相同的,除了 multi‑patch FRG 能隙随费米角的变化比 SMFRG 稍微弱些。同样地,multi‑patch FRG 得到的能隙在 α 和 β 带上也很小,甚至比 γ 带上能隙极小值还要小。我们的结果从定性上是和文献[16]相似,但我们的方法得到的超导配对的各相异性和能带选择性更强。

γ 带上能隙的极小值大约是能隙极大值的十分之一,它给边缘模带来了一定的影响。我们用平均场方法来求解 p + ip′波超导态的在沿 y 轴的无限长的(x 轴方向开边界)条带上的色散。能量的本征值和横向动量 k_y 的关系如图 4‑5(a)所示,其中圆圈指示了了在两个边缘的其中一个上波函数的大小。我们可以看到边缘模是单向的,即手征性的。$k_y = 0$ 处无能隙的能带分别被局域在边缘的每一边。另外,在靠近 $k_y = ±π$ 的边缘态出现两个额外的能量极小值,这可能和配对函数中次级的分量 p_2 有关,p_2 比较大时就会反过来加强体态能隙的极小值。值得注意的是,无能隙的手征边缘态仅在小于体态能隙的极小值时才是受保护的。如果超过,边缘模同体态之间就会发生杂质散射。在体态能隙最小值内的边缘模是稳定的,但是这种小能量的 Bogoliubov‑de Gennes 准粒子散射几乎都是电中性的。这些都使得手征性的边缘态易受边缘无序的影响。从实验上看,就会很难确切观测到边缘电流。关于边缘电流消失的原因还存有争议,需要进一步的研究。可以预见,当温度对应的能量下降到超导能隙尺度时,γ 带对体系的热力学性质贡献最

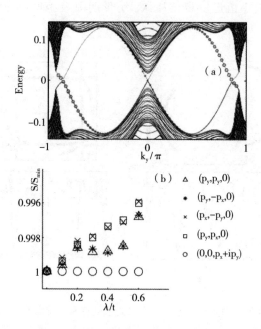

图 4-5 超导态的能隙和横向动量 k 的关系及超导配对
本征值的相对大小和自旋轨道耦合 λ 的关系

大,而 α 和 β 带的贡献较小。因此,γ 带能隙的极小值可能可以解释比热在小能隙尺度以上范围内随温度成幂律的行为,但 α 和 β 带对比热的影响也值得进一步讨论。以上的讨论也可类比适用于最近发现的可能是各向异手征性的 d + id 超导体 $Na_xCoO_2 \cdot yH_2O$ 中。

最后,我们强调下上述的结果在其他相互作用参数下也适用。比如对相互作用为 $(U, U', J, J') = (3.3, 1.1 \pm 0.1, 0.115, 0.115)$ 等。只是超导发散的能标不同。另外我们发现洪特耦合 J 和电子对跃迁项 J' 更倾向于诱发大波矢 q 的 SDW 的作用。如果 J 和 J' 足够大,就会破坏 p 波的超导配对。另外值得一提的是,Ru 原子的自旋轨道耦合还有层间的跃迁项可以将 d_{xz}/d_{yz} 还有 d_{xy} 这三个轨道在单粒子层面混合,从而使活跃的(active)能带和不活跃(passive)的能带之间发生临近效应。这样,就会使 α 和 β 带上的超导能隙变大。其实前面提到的电子对跃迁项 J' 也可以使得能带间产生临近效应,但它的效果比较弱,由于它带来的这种耦合在刚开始的时候在 p 波通道就是对角的。作为一个很好的近似,我们还可以这样处理:FRG 方法在一定的能标 Λ_0 得到重整化后的配对有效相互作用后,可以只让超导通道流动,由于此时粒子空穴通道已经平稳并且和粒子-粒子散射通道分离。我们也可以得到和上面讨论定性一致的结果。

我们还可以画出超导通道的本征值随自旋轨道耦合强度 λ 的关系，如图 4 - 5 (b)所示。从图中可以明显看出，三重态配对的形式对体系更有利，这正好就是我们上面讨论的由 FRG 得到的结果。然而考虑到此时能量本征值的小的劈裂，外加磁场会削弱自旋轨道耦合的影响，从而使体系在磁通涡旋中难以有 Majorana 零能态。

4.4 小 结

利用 FRG 方法，我们对 Sr₂RuO₄ 的超导机制进行了研究。基于三个轨道模型，FRG 综合考虑了三个相关能带还有不同散射通道之间的竞争和耦合的信息。而这些都是以前对 Sr₂RuO₄ 的理论处理所不能做到的。两种不同的 FRG 方法都得到了相同的结论，无论是对最终发散的 p 波超导配对还是 SDW 通道的信息。我们发现在主导的 SDW 相互作用对应的波矢 Q 随着能标的跑动发生了显著变化，从高能标时的 $Q \sim (2/3, 2/3)\pi$ 到较低能标时的 $Q \sim (1/5, 1/5)\pi$。这种小波矢的 SDW 涨落诱导了 p 波的形式的超导配对最终失稳。我们还发现 p 波的能隙主要是在由 d_{zy} 贡献的 γ 带上。如果把超导配对转换到实空间 Ru 的四方格子上，它主要位于最近邻和次紧邻的键上。我们还给出了配对函数在费米面上的分布，发现这种手征性的 $p + ip'$ 波在 γ 带上的能隙在临近 $(\pi, 0)$ 和 $(0, \pi)$ 的位置处有极小值。而这种现象导致手征性的边缘态易被杂质所破坏。因此回答了实验上难以确定发现边缘电流的问题。另外，我们还对其他结果进行了讨论。

FRG 得到的结论可用于 Sr₂RuO₄ 其他物性的计算。通过得到的超导配对函数，我们便能够计算 Sr₂RuO₄ 超导态的其他性质，比如说比热和超流密度等。除此之外，我们还可以进一步考虑到 Ru 的自旋耦合的作用，利用自旋 SU(2) 破缺的 SMFRG 来进行下一步的研究。

参考文献

[1] A J Leggett, A theoretical description of the new phases of liquid ³He [J]. Reviews of Modern Physics, 1975, 47, 331.

[2] J C Wheatley, Experimental properties of superfluid ³He[J]. Reviews of Modern Physics, 1975, 47, 415.

[3] Y Maeno, H Hashimoto, K Yoshida, et al. Superconductivity in a layered perovskite without copper[J]. Nature, 1994, 372, 532.

[4] T M Rice, M Sigrist. Sr₂RuO₄: an electronic analogue of ³He? [J].

Journal of Physics: Condensed Matter,1995,7,643.

[5] G Baskaran. Why is Sr_2RuO_4 not a high Tc superconductor? Electron correla - tion,Hund's coupling and p - wave instability[J]. Physica B: Condensed Matter,1996,223,490.

[6] K Ishida,H Mukuda,Y Kitaoka,K Asayama,et al. Spin - triplet super-conductivity in Sr_2RuO_4 identified by 17O Knight shift[J]. Nature, 1998, 396,658.

[7] A Kapitulnik,J Xia,E Schemm,et al. Polar Kerr effect as probe for time - reversal symmetry breaking in unconventional superconductors[J]. New Journal of Physics,2009,11,055060.

[8] A P Mackenzie, Y Maeno. The superconductivity of Sr_2RuO_4 and the physics of spin - triplet pairing[J]. Reviews of Modern Physics,2003,75,657.

[9] C Bergemann, A P Mackenzie, S R Julian, et al. Quasi - two - dimensional Fermi liquid properties of the unconventional superconductor Sr_2RuO_4[J]. Advances in Physics,2003,52,639.

[10] Y Maeno,S Kittaka,T Nomura,S Yonezawa,et al. Evaluation of Spin - Triplet Superconductivity in Sr_2RuO_4[J]. Journal of the Physical Society of Japan,2012,81,011009.

[11] C Kallin. Chiral p - wave order in Sr_2RuO_4[J]. Reports on Progress in Physics,2012,75,042501.

[12] D A Ivanov. Non - Abelian Statistics of Half - Quantum Vortices in p - Wave Su - perconductors[J]. Physical Review Letters,2001,86,268.

[13] N Read,D Green. Paired states of fermions in two dimensions with breaking of parity and time - reversal symmetries and the fractional quantum Hall effect[J]. Physical Review B,2000,61,10267.

[14] C Nayak, S H Simon, A Stern, et al. Non - Abelian anyons and topological quantum computation[J]. Reviews of Modern Physics, 2008, 80,1083.

[15] M Braden,Y Sidis,P Bourges,et al. Inelastic neutron scattering study of magnetic excitations in Sr_2RuO_4[J]. Physical Review B,2002,66,064522.

[16] J R Kirtley,C Kallin,C W Hicks,et al. Upper limit on spontaneous su-percurrents in Sr_2RuO_4[J]. Physical Review B,2007,76,014526.

[17] S Raghu, A Kapitulnik, S A Kivelson. Hidden Quasi - One - Dimensional Superconductivity in Sr_2RuO_4[J]. Physical Review Letters,2010,

105,136401.

[18] S B Chung, S Raghu, A Kapitulnik, et al. Charge and spin collective modes in a quasi－one－dimensional model of Sr_2RuO_4[J]. Physical Review B, 2012,86,064525.

[19] S L S Raghu, S B Chung. Theory of ' hidden ' quasi－1d superconductivity in Sr_2RuO_4[J]. Journal of physics. Conference series,2013, 449 012031.

[20] D F Agterberg, T M Rice, M. Sigrist, et al. Orbital Dependent Superconduc－tivity in Sr_2RuO_4[J]. Physical Review Letters,1997,78,3374.

[21] R Hlubina. Phase diagram of the weak－coupling two－dimensional t－ t' Hubbard model at low and intermediate electron density[J]. Physical Review B,1999,59,9600.

[22] T Nomura, K Yamada. Perturbation Theory of Spin－Triplet Supercon-ductivity for Sr_2RuO_4 [J]. Journal of the Physical Society of Japan, 2000, 69,3678.

[23] C Honerkamp, M Salmhofer. Magnetic and Superconducting Instabilities of the Hubbard Model at the Van Hove Filling[J]. Physical Review Letters,2001,87,187004.

[24] T Nomura, K Yamada. Detailed Investigation of Gap Structure and Specific Heat in the p－wave Superconductor Sr_2RuO_4[J]. Journal of the Physical Society of Japan,2002,71,404.

[25] JW Huo, T M Rice, F－C Zhang, et al. Spin Density Wave Fluctuations and p－Wave Pairing in Sr_2RuO_4[J]. Physical Review Letters,2013,110,167003.

[26] T Nomura, K Yamada. Roles of Electron Correlations in the Spin－Triplet Superconductivity of Sr_2RuO_4 [J]. Journal of the Physical Society of Japan,2002,71,1993.

[27] A Damascelli, D H Lu, K M Shen, et al. Fermi Surface, Surface States, and Surface Reconstruction in Sr_2RuO_4 [J]. Physical Review Letters, 2000, 85,5194.

[28] M L Kiesel, C Platt, W Hanke, et al. Model Evidence of an Anisotropic Chiral d＋id－Wave Pairing State for the Water－Intercalated $Na_xCoO_2 \cdot yH_2O$ Superconductor[J]. Physical Review Letters,2013,111,097001.

第 5 章 "11"体系铁基超导体
电子结构及超导电性研究

5.1 引 言

铁基超导体作为一类新的高温超导体,近年来得到了广泛的关注与研究。其中"11"型体系是研究人员发现的第四类铁基超导体系,同时也是这四个体系中结构最简单的一个体系。它的晶格结构示意图如图 5-1 所示。Fe 原子组成四方结构,而硫族元素原子交错排列在铁原子四周。最初的 FeSe 超导体是由中国台湾国立中央研究院和东华大学吴茂昆研究小组发现的。他们发现 Fe 稍微过量的四方结构材料 $Fe_{1+x}Se$ 会表现出 8 K 左右的超导电性。接着,美国一研究小组也发现 $FeTe_{1-x}Se_x$ 中具有超导电性,并且具有一个完整的电子态相图。四方结构的 FeTe 具有反铁磁磁性,其自旋方向与其他体系的铁基超导体自旋方向相差 45°,因此反铁磁波矢在 11 体系和其他体系铁基超导体中也相差 45°,大小也有差别。通过进一步研究,人们发现这个体系中的电子关联比其他系统都要强,电子重整化达到 5~10 倍。在该体系中,最高超导转变温度大致发生在 $FeTe_{0.6}Se_{0.4}$,温度为 15~20 K。非常有趣的是,此体系的上临界磁场很高,在零温下可达 60 T(特斯拉)。最近有把它制成薄膜,发现在 30 T(特斯拉)磁场下,4.2 K 下的临界电流密度可达 10^5 A/cm^2。

铁基超导体研究中一个核心问题是超导序参量的对称性。对于大多数铁基超导体特别是铁砷化合物,人们认为电子和空穴袋之间的嵌套有利于 s± 配对,在空穴和电子费米面上具有无节点的间隙。然而,在"1111"和"122"族铁磷族元素化合物(FePn)中存在例外。穿透磁深度和热导率实验在 LaOFeP、$BaFe_2(As_{1-x}P_x)_2$ 和 KFe_2As_2 中观测到它们超导能隙具有节点特征。因此,电子-空穴嵌套的简单图像不能很好地解释这一超导配对。事实上,电子结构对磷族元素的高度非常敏感。

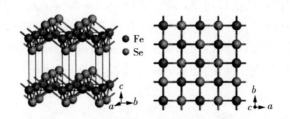

图 5 - 1 "11"型体系铁基超导体的晶格结构示意图

比如它可以影响电子结构,进而降低电子和空穴口袋之间的散射相对于电子(或空穴)口袋本身之间的散射的相对强度,最终导致出现有节点的超导配对能隙。"11"族铁硫族化合物(FeCh)的超导配对对称性也存在争议。一方面相关实验认为FeTe$_{0.55}$Se$_{0.45}$中的超导能隙是完全没有节点的;另一方面在块状 FeSe 中相关实验的结果却不一致:热输运和比热测量的结果显示超导能隙无节点特征,但扫描隧道显微镜测量显示与有节点的超导能隙一致。

5.2 "11"族铁基超导体电子结构和超导电性研究

5.2.1 晶体结构及电子结构

最近,实验发现 FeS 是一种转变温度 $T_c = 4.5$ K 的超导体。它具有同 FeSe 相同的反 PbO 型晶体结构,只是硫原子替换了 FeSe 中硒原子的位置。实验显示它也是一种多带超导体。此外,在所有已知的铁基超导体中,它具有巨大的磁阻和非线性霍尔效应,并且显示它的上临界场 H_{c2} 表现出最大的各向异性。低温热输运测量显示 FeS 中准粒子激发具有超导能隙节点特征。结合其简单的晶体结构,FeS 可能为研究铁基超导体中节点能隙的性质和机制提供了一个很好的平台。在这里,我们研究了 FeSe 的电子结构,构造了一个有效的紧束缚模型以促进之后的研究,并研究了电子关联效应对诱发超导中的作用。

根据文献[17]中的粉末 X 射线数据,FeS 具有空间群 P4/nmm 的晶体结构,如图 5 - 2 所示。同其他"11"族铁基超导体 FeTe 和 FeSe 相比,硫族原子 Ch 距离 Fe 组成的平面的高度从 1.769A (FeTe)和 1.465A(FeSe)减小到 1.269 埃。同时相对应的 Fe—Ch—Fe 的夹角而 Fe—Ch—Fe 的键角从 94.29°(FeTe)和 104.34°(FeSe)增加到 110.81°。这些晶格结构的微小变化是由于 S 原子相对于其他 Ch 原子来说其半径较小。我们注意到这种现象与"1111" LaOFePn(Pn=As,P)铁基超导体存在一个有趣的类比：即当 As 被 P 取代时，Pn 族原子的高度也随之降低，键角扩大。在这种情况下，Pn 的高度和 Fe—Pn—Fe 的键角可能是导致超导配对对称性变化的因素。因此，有趣的是，FeCh 的晶体结构是否也会影响电子性质特别是在费米能级附近的电子性质，值得进一步实验和理论的研究。

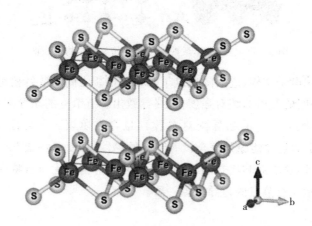

图 5 - 2　FeS 的晶体结构示意图

我们主要使用了 Quantum Espresso 软件包中平面波赝势的方法来计算 FeS 的电子结构。采用了 PAW 赝势来表示价电荷密度。交换关联作用是由 Perdew - Burke - Ernzerhof 提出的广义梯度近似方法来考虑。经过收敛测试，我们选择 60Ry 作为平面波能量截断，选择 660Ry 作为电荷密度截断。在自洽计算中，采用 $9 \times 9 \times 9$k 点网格对不可约布里渊区进行采样，在非自洽计算中，采用较密集的网格。

我们在所有结构参数完全松弛的情况下进行了 GGA 优化计算。最终得到 S 原子的高度在完全弛豫（实验）结构中，相对于 Fe 平面为 1.215Å(1.269Å)。由于微小的差异不会导致质的变化，我们只给出了基于实验结构的能带结构计算，希望能更好地与实验进行比较。这也是其他铁基超导体计算汇总过程中通常使用的手段。

计算得到态密度如图 5 - 3 所示。在费米能级附近的 -3.0 eV 到 +2.5 eV 范围内，Fe 的 3d 电子态占主导地位，而 S 的 2p 电子态集中在费米能级以下的 3.5 eV 到 6.3 eV 范围内。五个 Fe - 3d 轨道上的分轨道投影态密度（PDOS）如图 5 - 3(b)所示。在费米能级处，可以看到 Fe 的 d_{xz}/d_{yz} 和 $d_{x^2-y^2}$（这里的 X，Y，Z 表示含有两个铁原子的原胞中晶轴的取向）占主导地位。这也是一般铁基超导体的重要特征。

另外，可以看出 Fe 元素的 3d 轨道在费米能级以下 0.7 eV 的位置出现了很明

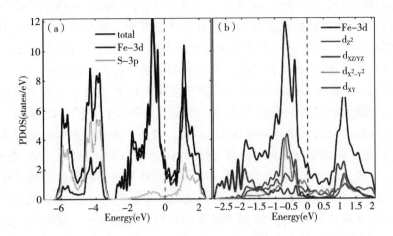

图 5 - 3　FeS 的态密度(a)及 5 个 3d 轨道的分轨道态密度(b)示意图

显的尖峰,说明其 d 电子相对比较局限,相对应的能带比较窄。从图 5 - 3 我们还可以看出在 1. 2eV 的位置处 S 元素的 3p 轨道和 Fe 元素的 3d 轨道同时出现了尖峰,这个杂化峰反映出了两个原子间作用的强弱。对比 FeSe 和 FeS 的态密度的计算结果,可以看到 FeSe 的态密度与 FeS 在很大程度上都很相似,两者都是 Fe 的 d_{XZ}/d_{YZ}、$d_{X^2-Y^2}$、d_{XY} 分轨道起主要作用。一点重要的不同就是 FeSe 相对于 FeS, $d_{X^2-Y^2}$ 分轨道更加突出,对晶体的相关性质影响更大。

我们还计算了 FeS 的能带结构和费米面,并与之前广泛研究的 FeSe 进行对比。由图 5 - 4 我们可以看到,在 Γ 点位置 FeS 有两条能带穿过费米能级,FeSe 有三条能带穿过费能级,开口向下形成空穴口袋。在 M 点位置上,我们可以看到 FeS 在费米能级附近有两条能带穿过费米能级,FeSe 同样有两条穿过费米能级的能带,开口向上形成电子口袋。

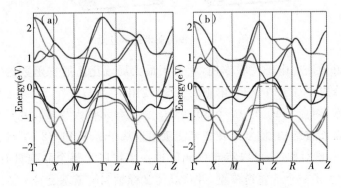

图 5 - 4　FeS(a)与 FeSe(b)的能带结构示意图

下面我们给出 FeS(图 5-5)与 FeSe(图 5-6)的费米面。FeS 的中心位置两条能带突出,对应能带结构图其在 Γ 位置有两条能带穿过费米面。在 M—A 线周围有两个圆柱形电子口袋,Γ—Z 线周围有两个圆柱形空穴口袋,其中包括一个波形袋。值得注意的是,在 Γ 点恰好有一个空穴能带下沉低于费米能级。而 FeSe 的中心位置出现了三条突出的能带,对应其能带结构图在 Γ 位置有三条穿过费米面的能带。二者最大的差别在于 FeSe 里有三个空穴口袋而 FeS 里只有两个空穴口袋,并且缺失的口袋上的轨道分量都是 $d_{x^2-y^2}$。二者的费米面的不同可能带来嵌套性质的差异,进而影响超导配对对称性,详细的讨论跟 FeS 与 $FeSe_{0.5}Te_{0.5}$ 非常类似,这里不再赘述。总之,Ch 原子的高度影响了"11"体系铁基超导体的轨道特征和能带结构,特别是在费米能级上的 Γ 点处的能带。值得注意的是,之前关于 FeS 的电子结构的研究都是在只考虑 Ch 原子弛豫的内部高度的情况下进行的。此时得到的费米面存在小的内部空穴口袋,即在 Γ—Z 线周围存在三个空穴口袋。虽然这种差异可以通过未来的 ARPE 来检验,但我们接下来关于电子关联效应的讨论是基于上述密度泛函理论计算的结果。

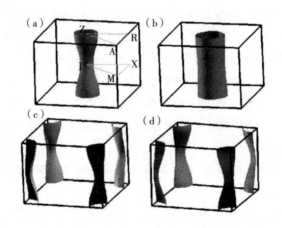

图 5-5　FeS 的费米面示意图

为了更好地研究电子关联作用,我们用最大局域化瓦尼尔函数的方法拟合了 FeS 的电子结构。对于两个 Fe 单胞的情况,使用 10 个以 2 个 Fe 原子位置为中心的瓦尼尔函数,对应于 Fe 的 10 个 3d 轨道。结果显示最大局域化瓦尼尔函数能相当精确地拟合能带结构,特别是在费米能级附近从 +2 eV 到 -2 eV 处。因为两个 Fe 原子遵循晶格对称性,可以将布里渊区进一步扩展为每个晶胞只有一个 Fe 原子的情况,建立了一个 5 轨道模型,并将晶体坐标轴和轨道基旋转 $\pi/4$,从 X - Y 变到 x - y。根据最大局域化瓦尼尔函数的结果经过进一步对称性操作可以得到有效

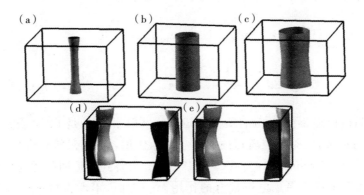

图 5-6 FeSe 的费米面示意图

5 轨道紧束缚模型。由于两个 Fe 层之间的耦合很弱,小于 0.04 eV,为了简洁起见,我们只考虑了 Fe 平面内的电子跳跃参数。

基于理论模型,所获得的能带结构如图 5-7(a)所示。从能带结构图中可看出,此时有三个能带与费米能级相交叉,分别标定为 α,β 和 γ。它们组成的费米面如图 5-7(b)所示。在 M 点附近 β 带刚好在费米能级以下。这种费米面形状如同"1111"体系 LaFeAsO 和 LaFePO 一样,中间缺失小的空穴口袋。另外,基于费米面嵌套的特征,FeS 中费米面嵌套波矢有两种主要波矢,分别为轨道间嵌套波矢 q_1,也是电子口袋和空穴口袋的嵌套波矢以及轨道内嵌套波矢 q_2。它们的连接的费米面如图 5-7(b)所示。这两种嵌套波矢可能会影响体系最终的超导配对。要考虑电子关联效应对最终有序态的影响需要借助于 SMFRG 方法。图 5-7 中 q_1 和 q_2 分别为两种可能的嵌套波矢,箭头表示其连接的费米面嵌套结构。

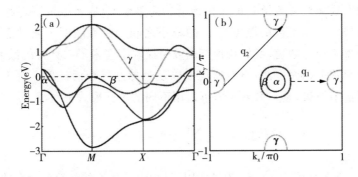

图 5-7 基于 5 轨道紧束缚模型得到的 FeS 的能带结构(a)与费米面(b)

在实空间中,哈密顿量的相互作用部分可以写成

$$H_I = U\sum_{i\mu} n_{i\mu\uparrow} - n_{i\mu\downarrow} + U'\sum_{i,\mu>\nu} n_{i,\mu} n_{i,\nu}$$

$$+ J_H \sum_{i,\mu>\nu,\sigma\sigma'} c^\dagger_{i\mu\sigma} c_{i\nu\sigma} c^\dagger_{i\nu\sigma'} c_{i\mu\sigma'} + J_H \sum_{i,\mu\neq\nu} c^\dagger_{i\mu\uparrow} c^\dagger_{i\mu\downarrow} c_{i\nu\downarrow} c_{i\nu\uparrow}$$

其中,i 为晶格位点指标,σ 为自旋泡利矩阵,μ 和 ν 指代的是 Fe 原子的 5 个 d 轨道,n 代表占据数,U 是载位轨道内的库仑排斥作用,J_H 为洪特耦合项,为了简单起见,我们使用了 Kanamori 关系 $U' = U - 2J_H$ 来得到轨道间的相互作用。在我们的计算过程中没有考虑电声耦合的作用。一方面,不考虑电声耦合效应带来的复杂影响可以让我们更好地分析电子关联的效果;另一方面,之前在相同体系 FeSe 中研究发现电声耦合的效应非常微小,仅提供 1 K 的超导转变温度。综上所述,我们先仅考虑关联作用,然后在本节的最后再简单探讨电声耦合对结果的一些影响。

费米口袋之间有两个典型的散射矢量,如图 5-7(b) 所示。当考虑库仑排斥相互作用时,这些矢量对应的自旋涨落会增强。当足够强时,这种波动凝聚为自旋密度波(SDW)。当 SDW 序尚未建立时,自旋涨落反而可以触发超导。在图 5-7(b) 中,q_1 处的自旋涨落将迫使电子和空穴袋之间的配对间隙改变符号,导致形成 s ± 一波配对。另外,q_2 处的自旋涨落将迫使电子口袋之间的配对间隙改变符号,从而导致 d 波配对。要在等价基础上考虑所有可能有序态,我们求助于最近发展起来的无偏颇 SMFRG 方法。

5.2.2 FeS 中 SMFRG 的结果

从 H_I 中的裸相互作用开始,SMFRG 提供了有效单粒子不可约四点相互作用顶点函数随着递减红外能量截止 Λ 的流动。简单地说,后者也可以理解为以 Λ 运行的广义赝势。顶点函数的散度与 Λ 的减小之间的关系表明了正常态的不稳定性。为了观察不稳定通道,我们从顶点函数中提取了费米子双算符的散射矩阵,然后将它们分解在电荷密度波,自旋密度波以及超导这三个通道里。对于已知的通道和一系列散射波矢,这一散射矩阵可以用不同的本征模式来写成

$$V^{\alpha\beta;\gamma\delta}(k,k',q) \rightarrow \sum_m \varphi^{\alpha\beta}_m(k) S_m \left[\varphi^{\gamma\delta}_m(k')\right]^*$$

这里 S_m 为本征值而 $\varphi_m(k)$ 为模式因子(为内波矢 k 的函数表示在轨道空间的矩阵)在 FRG 流动中,我们可以找到在每个通道中最领先的吸引模式,并且可以找

到它在哪个波矢上更突出。在所有通道中最后发散的或者说吸引作用最大的即是代表形成有序态。我们可以搜索其信息包括对应的波矢 q 及模式矩阵 $\boldsymbol{\varphi}_m(k)$。

对于 $U=2.0$ eV 和 $J_H=U/6$，FRG 流动与 Λ 的关系如图 5-8(a)所示。由于 CDW 通道在流动过程中一直很弱，为了简单起见，我们将不再讨论它。结果显示 SDW 通道在中间阶段被增强，但在低能标尺度上变得平坦，这是因为缺乏低能粒子-空穴激发所需的相空间。在高能尺度下，与先导 S_{SDW} 本征值相关的动量 Q 约为 (π,π)，并且在流动过程中仅发生轻微变化。图 5-8(a)中的插图显示了最后阶段的 $S_{SDW}(q)$ 本征值在波矢 q 空间的分布。从中可以看出最领先的自旋通道在 (π,π) 附近有主峰，在 $(\pi,0)$ 附近有次主峰。前者(后者)分别对应于图 5-7 所示的 q_2 (q_1)。在这种自旋涨落的触发下，相互作用对超导通道的 S_{SC} 在中间阶段显著增强并使它库珀配对的机制下，最终发散，如图 5-8(a)中的蓝线所示。所以最终体系在发散能标下形成了超导有序态。超导配对的对称性可以通过相对应的最领先的模式 $\varphi_{SC}(k)$ 来确定。为了更直观地表示，我们把它投影到能带空间，按照 $\Delta_k=\langle k|\phi_{SC}(k)|k\rangle$ 的方式进行投影。并且将其在费米口袋上画出，其结果如图 5-8(b)所示。非常明显，最终形成的超导序的对称性为 $d_{x^2-y^2}$。这种超导配对方式在 γ 口袋上是没有节点的，而在 α 以及 β 口袋上都具有节点。这种超导能隙节点的性质正好跟比热实验等的结果相符合。

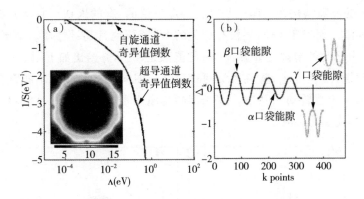

图 5-8　FRG 的流动图及超导在不同费米口袋上的分布

我们还考虑了不同大小的相互作用的影响，但在 $J_H\in[1/6,1/4]$ 和 $U=2.0$ eV 这一范围内，最终结果都没有发生定性的改变。但是，如果 J_H 为零，即使 U 很大到 8.0 eV 也没有形成有序态，说明 J_H 对最终体系有序态的形成至关重要。其原因包含两个方面：第一，在存在矩阵元效应的情况下，轨道内 U 的有效性降低，即由散射波矢连接的单粒子态具有不同的轨道分量；第二，如果 $J_H=0$，则裸轨道间斥力 $U'=U$，这导致了在 FRG 流动中存在有显著的屏蔽效应。

对于较大的 U 和 J_H，SDW 的失稳序就会发生。基于这些因素，J_H 对带来自旋密度和超导序都非常重要。但在 J_H 的影响下，散射波矢相对强弱要取决于潜在的电子结构信息，在我们的例子中，q_2 显得更重要，并最终导致超导 d 波配对。同样的结果也发生在具有相似电子结构的 LaFeOP 中。

还有一些方面值得注意。首先，如果在 SMFRG 中使用完全弛豫晶格结构的能带结构，我们得到的配对对称性不会改变。这是合理的，因为松弛结构和实验结构之间的差异很小并且配对对称性不能连续变化。其次，到目前为止被忽略的较弱的电声耦合效应预计不会从相关效应中增强 T_c。即使小动量的 EPC 会增强电子口袋上的口袋内配对，也不利于布里渊区中心周围的空穴口袋上的配对。再次，大动量下的 EPC 将试图锁定住电子口袋上的配对函数的相位，从而产生相同符号的超导配对，这与 $d_{x^2-y^2}$ 波对称性相矛盾。这与 s 波超导体中的情况完全不同，在 s 波超导体中，小动量下的 EPC 将显著增强 T_c，这是针对 $FeSe/SrTiO_3$ 提出的机制。

5.2.3 FeS 与 FeSe 中能隙对比及准粒子相干研究

FeS 与 FeSe 从能带结构上说有很大相似性，原因是二者晶体结构非常相似。FeS 材料的能隙结构不是一般铁基超导中 s± 波，可能是 d 波。而对于 FeSe，目前来说，FeSe 的能隙结构在实验上是存在一定争议的，有的人认为它是 d 波，有的人认为它是 s 波。而对于 FeS，还没有相关的 STM 研究其超导性质。基于目前的结果，我们认为 FeS 的能隙是 d 波，FeSe 的能隙是 s 波，并给出如下图 5-9 所示的超导能隙示意图，红色为正，蓝色为负，我们把(a)图向右转动 90°，不能重合，其代表为 d 波，(b)图不管转动 90°、180°、270°都能与原来重合，并且空穴口袋和电子口袋符号相反，其代表为 s 波。

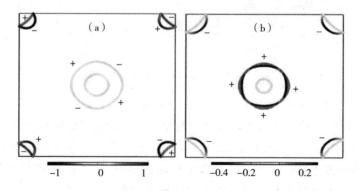

图 5-9 由 FRG 得到的 FeS(a) 与 FeSe(b) 的超导能隙函数在费米面上投影

基于 FRG 结果给出的能隙函数,我们研究了 FeS 中准粒子相干。图 5 - 10 给出了没有掺杂下的局域态密度(LDOS)情况,从中可明显看出在 $\omega/\Delta_0 = 0$ 处 LDOS 呈"V"字形状并且在一对超导相干峰分布在 $\omega/\Delta_0 \sim \pm 0.27$ 处,跟之前讨论的 $d_{x^2-y^2}$ 配对对称性相吻合。在不存在杂质的情况下,局域态密度 $\rho(r,\omega)$ 在实空间中是均匀的,并且我们将其绘制为图中减少能量 ω/Δ_0 的函数。从图 5 - 10 中我们可以看到,FeS 的共振峰位于 $\omega/\Delta_0 \approx \pm 0.28$,FeSe 的共振峰位于 $\omega/\Delta_0 \approx \pm 1.65$,表明复杂能带结构的相互作用产生多间隙结构和配对功能,在 $\omega/\Delta_0 = 0$ 附近,FeS 的光谱是 V 形并且线性分散,FeSe 的光谱近似为 U 形。我们从图 5 - 9 中可以看出 FeS 和 FeSe 的光谱形貌存在差异,这是由于它们的能隙结构不同的结果。其中 FeSe 得到的 $\rho(r,\omega)$ 跟 STM 实验很接近。我们还可以用准粒子相干(QPI)理论手段对 FeS 与 FeSe 分别掺杂非磁性物质和磁性杂质的准粒子相干谱进行预测。

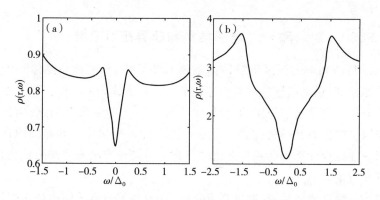

图 5 - 10 预测 STM 实验给出的 FeS(a)与 FeSe(b)的超导态密度

准粒子相干图谱对于掺杂非磁性杂质,对于 FeS 来说,当施加 0.4 eV 的偏压时,位于中心的小波矢表现得非常明显,那些位于 $(\pi,0)(\pi,\pi)$ 等这些位置的大波矢相对来说比较弱,随着偏压的逐渐增大,大波矢慢慢显现出来,一直到很大的偏压(2.0 eV)时,大波矢变得比较明显,但整个过程中小波矢散射一直占主导地位。而对于 FeSe 来说,在施加 0.4 eV 的偏压的时候,大波矢 $(\pi,0)$ 非常突出,随着偏压的增大,小波矢被逐渐加强,但整个过程中起主导作用的是大波矢 $(\pi,0)$ 散射。由此可见,尽管 FeS 与 FeSe 在电子能带结构上有很大相似之处,但二者的散射通道有很大差别,这一差别来自二者配对对称性完全不同,通过非磁性杂质的准粒子相干谱能很明显地看出。

当掺磁性杂质时,总的来说,磁性杂质压制了大波矢散射,加强了小波矢散射。具体对于 FeS 来说,原来的大波矢散射被压制,小波矢没有受到影响;相比较而言,FeSe 原来较弱的小波矢被明显加强,主要区别于大波矢,在较低的偏压下,FeSe 的

$(\pi,0)$散射当偏压较小时还占主要贡献,但偏压增大时被很快压制,之后偏压高时又被加强。整体而言,它的$(\pi,0)$散射随着偏压的不断增大而出现先由强变弱再变强这样一种趋势。

接下来我们对 STM 实验可能得到准粒子相干谱做一下简单预测,假如我们想要比较 FeS 与 FeSe 的超导配对对称性的差异,我们可以放入非磁性杂质,看一下准粒子相干谱是否是一样的。因为 FeS 是 d 波,FeSe 如果是 s 波的话,得到的准粒子相干谱肯定和 FeS 的准粒子相干谱是不一样的;其次,我们如何判断一种材料是 d 波还是 s 波。我们可以向这种材料中添加非磁杂质和磁性杂质,在不同偏压下观察其准粒子相干图案,如果是 d 波的话,应该可以看到都是小波矢,它的大波矢在磁性杂质时被压制;如果是 s 波的话,很明显在非磁杂质时为大波矢散射,在磁性杂质时,有大波矢随着偏压的不断增大而出现先由强变弱再变强这一趋势。

5.2.4 FeSe$_{0.5}$Te$_{0.5}$和 FeS 电子结构和超导配对研究

FeSe$_{0.5}$Te$_{0.5}$和 FeS 同属于"11"体系铁基超导体,其电价和晶体结构相同,但超导性质迥异,特别是超导能隙是否存在节点。一方面,在 FeSe$_{0.5}$Te$_{0.5}$中比热、热传导和角分辨光电子光谱等实验都认为 FeSe$_{0.5}$Te$_{0.5}$能隙没有节点;而另一方面,低温热输运实验认为 FeS 能隙存在节点。为了深入理解这一差异的内在原因,我们利用第一性原理计算和泛函重整化群(FRG)等理论方法来对这两种化合物做了细致研究和讨论。

通过第一性原理计算,我们发现 FeSe$_{0.5}$Te$_{0.5}$和 FeS 电子结构最大的区别在于费米能级附近$3d_{x^2-y^2}$(X,Y 代表轨道沿晶体坐标)轨道权重分布。图 5-10 给出了两种化合物中 Fe 的 3 个主要的 3d 轨道在费米面上的权重分布,从左到右依次为$3d_{xz}$,$3d_{yz}$和$3d_{x^2-y^2}$。从中可明显看出$3d_{xz}$和$3d_{yz}$轨道分布在中心的空穴口袋和四周的电子口袋,而$3d_{x^2-y^2}$轨道权重在费米面上的分布明显不同,特别是对布里渊区边角处电子口袋上的权重分布。对于 FeSe$_{0.5}$Te$_{0.5}$而言,$3d_{x^2-y^2}$主要对中心的空穴口袋起主要贡献,而对于 FeS,$3d_{x^2-y^2}$轨道权重主要分布在布里渊区边角的小的电子口袋上。如果体系更倾向于轨道内的散射(intra-orbital scattering),则二者的主导散射方式将有很大的区别,一种为空穴口袋到电子口袋的口袋间散射(inter-pocket scattering),而另一种则是电子口袋内的口袋内散射(intra-pocket scattering),我们在图 5-10 中分别用q_1和q_2两种波矢来标记。观察图 5-10 可知每个费米面线的宽度分别与d_{xz},d_{yz}和$d_{x^2-y^2}$分量中的光谱权重成比例。

Γ周围的空穴由内向外由α_1,α_2和α_3表示。电子空穴分别由β_1和β_2表示。FeS 中不存在α_1。通过将图 5-10(a)(b)与图 5-10(c)(d)对比发现在 FeSe$_{0.5}$

$Te_{0.5}$ 与 FeS 的 Fe 的 3d 轨道中做主要贡献的三个分量为 d_{xz},d_{yz} 和 $d_{x^2-y^2}$,其中分量 d_{xz} 和 d_{yz} 在费米面的轨道中权重比例很相似,它们较大的不同之处在于分量 $d_{x^2-y^2}$。对于 $FeSe_{0.5}Te_{0.5}$,分量 $d_{x^2-y^2}$ 在电子口袋中不明显,而在 FeS 中 $d_{x^2-y^2}$ 只在小的电子口袋中非常明显。这种权重的差异也说明了在 $FeSe_{0.5}Te_{0.5}$ 与 FeS 中分量 $d_{x^2-y^2}$ 的权重对两种材料的相关性质影响非常大。

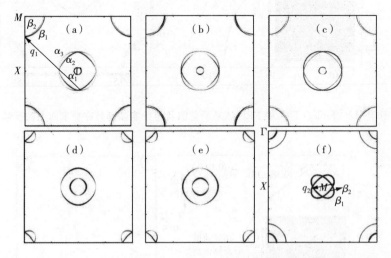

图 5 - 11　$FeSe_{0.5}Te_{0.5}$(上)和 FeS(下)费米面轨道权重分布示意图

　　为了验证这一设想,我们需要进一步研究电子关联效应的影响,特别是研究自旋密度波(SDW)散射通道的主导波矢以及研究它们对超导通道(SC)配对函数的影响。我们借助于 SMFRG 方法来实现,并用无规相近似(RPA)来验证了部分结果。图 5 - 12(a)为 FRG 中 SDW 和 SC 最大的奇异值(主导模式)随着能标流动,其中绿色虚线为 SDW 通道的 FRG 流动图,从图中可看出大小两种散射波矢的竞争,最终在低能标下大的散射波矢 $(0.95,0.98)\pi$ 成为主导散射,对应于图 5 - 11 的 q_1 波矢,这一散射方式也可以从图 5 - 12(a)的插图中看出。即表明在 $FeSe_{0.5}Te_{0.5}$ 中 inter-pocket scattering 散射占主导,而内在原因是 $3d_{xz}$ 和 $3d_{yz}$ 两个轨道对自旋散射起主要作用的结果。注意上述散射对应于一个元胞两个铁原子的情况,对于一个铁的情况,上述散射波矢将变为 $(\pi,0)$ 散射,正是铁砷化物超导体常见自旋散射方式,对应形成共线性反铁磁序。在这种自旋散射方式的诱导下,超导通道(图 5 - 11(a)中蓝色实线)在低能标下被加强并最终发散,意味着体系形成超导序。最终发散的超导能隙函数在费米面上的投影如图 5 - 11(b)所示。从能隙函数来看,明显是 s± 波,即空穴口袋与电子口袋能隙反号并且能隙函数在费米面上没有节点,正好跟之前的实验结果相一致。

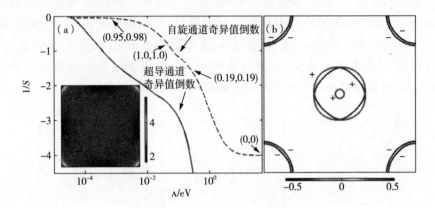

图 5 - 12 $FeSe_{0.5}Te_{0.5}$ 中 FRG 流动示意图及超导能隙函数在费米面上的投影

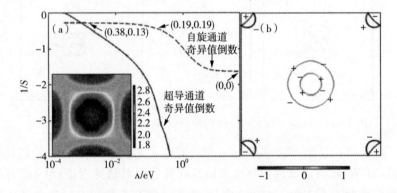

图 5 - 13   FeS 中 FRG 流动示意图及超导能隙函数在费米面上的投影

而在 FeS 中,由于轨道权重在费米面上的分布发生了改变,导致 FeS 中 $3d_{x^2-y^2}$ 小的散射波矢 q_2(intra - pocket scattering)起主要作用。如图 5 - 13 (a)所示,随着能标的流动,自旋通道的主要散射一直为小波矢散射,并最终在低能标下稳定为$(0.38, 0.13)\pi$,也可以直观地从最后能标下自旋散射通道的奇异值在动量空间中的分布看出。在这种自旋散射的作用下,超导配对方式也跟 $FeSe_{0.5}Te_{0.5}$ 完全不同。从图 5 - 13 (b)可以看出,对应得到 d 波的超导配对,能隙函数在费米口袋上有节点,正好解释了有关输运实验所提出的 FeS 中超导能隙具有节点性。

我们进一步给出了二者的超导配对函数的具体形式,从中可看出在 $3d_{xz}$,$3d_{yz}$ 和 $3d_{x^2-y^2}$ 三个轨道对 $FeSe_{0.5}Te_{0.5}$ 超导配对函数系数大小基本相等,而 FeS 中 $3d_{x^2-y^2}$ 轨道的超导配对函数系数远大于其他四个轨道,并且主要在最近邻配对。由上述研究可见,费米面附近轨道权重的不同导致主导的自旋散射方式发生了改变,转而决定了最终不同形式的超导序形成,即最终选择无节点 s±波还是 d 波,这一结论能解释了 $FeSe_{0.5}Te_{0.5}$ 和 FeS 超导性质不同的内在原因。

为了进一步研究 $FeSe_{0.5}Te_{0.5}$ 的 FeS 费米面嵌套性质,一个重要的理论手段就是计算它们的自旋磁化率。我们利用第一性原理计算得到的电子能带结构进行了处理,计算了自旋磁化率。图 5-14 分别给出了 $FeSe_{0.5}Te_{0.5}$(上)和 FeS(下)的磁化率,并且没有考虑电子库仑作用(左)和考虑电子库仑作用(右)的情况。

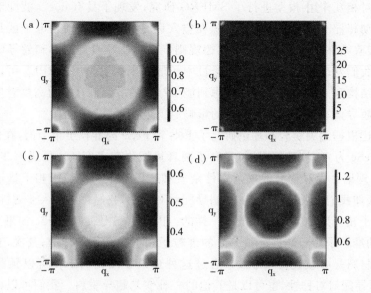

图 5-14 不考虑相互作用时 $FeSe_{0.5}Te_{0.5}$(a)和 FeS(c)的磁化率,当 $U = 0.9$ eV,$J_H = U/5$ 时,$FeSe_{0.5}Te_{0.5}$(b)和 FeS(d)的自旋磁化率

由于类似的费米结构,两个系统在内部没有相互作用的情况下表现得非常相似,它们都在区域中心和角落处出现主要峰值。然而,随着相互作用的出现,这两个系统的自旋磁化率的峰值出现明显的差别。对于 $FeSe_{0.5}Te_{0.5}$ (π,π) 周围的主要峰值迅速增加,它对应于空穴口袋和电子口袋之间的散射,而对于 FeS,区域中心周围的峰值变得更强,反映了费米面嵌套与 $FeSe_{0.5}Te_{0.5}$ 不同,我们推断这种峰值对应之前的电子口袋或空穴口袋内的散射。随着电子相互作用的增大,$FeSe_{0.5}Te_{0.5}$ 的磁化率被大大加强(为 FeS 的 20 倍),这跟实验观测到 $FeSe_{0.5}Te_{0.5}$ 磁性比较强,而 FeS 磁性较弱相一致。对于铁基超导,目前共同的观点是由于电子口袋与空穴口袋之间的嵌套结构对超导配对起重要影响,因此我们认为二者的超导配对也将有很大不同,这正好跟实验上观测到 $FeSe_{0.5}Te_{0.5}$ 为没有节点的 s±波而相似结构的 FeS 为有节点的 d 波的现象相一致。

5.3 小结与展望

我们用密度泛函理论计算了新发现的 FeS 超导体的能带结构,并用多层近似方法构造了一个有效的紧束缚模型。我们发现它的能带结构与 LaOFeP 中的相似。我们对相互作用模型进行了 SMFRG 研究,发现了具有 $d_{z^2-y^2}$ 波配对对称性的关联驱动超导不稳定性。配对能隙在空穴区是有节点的,而在电子区是无节点的,这与实验结果一致。我们发现洪德规则耦合是驱动自旋涨落和超导电性的关键因素。我们发现的自旋涨落可以通过中子散射来探测。用 ARPES 可以探测费米面拓扑结构和 d 波配对能隙。考虑到能带结构的敏感性,Ch 的高度对所有"11"铁基硫族超导体家族的配对对称性的影响值得进一步全面研究。

我们还根据相关实验和理论研究了 FeS 和 FeSe 的准粒子相干谱,在假设 FeS 为 d 波、FeSe 为 s± 波的情况下,得到了两者局域化态密度图。更进一步地,我们通过 QPI 理论手段对它们的掺杂磁性杂质和非磁性杂质准粒子相干谱进行了理论预测:假如我们想要验证 FeSe 的超导配对对称性,我们可以放入非磁性杂质,看一下准粒子相干谱是否和 FeS 的是一样的。因为 FeS 是 d 波,FeSe 如果是 s 波的话,得到的准粒子相干谱肯定和 FeS 的准粒子相干谱是不一样的;其次,我们如何判断一种材料是 d 波还是 s± 波。通过这种理论手段我们不仅可以预测 FeS 与 FeSe 的超导配对对称性,也可以是其他的一种铁基超导材料。我们可以向这种材料中添加磁性杂质和非磁性杂质,在不同偏压下观察其准粒子图案,如果是 d 波的话,应该可以看到都是小波矢,它的大波矢在磁性杂质时被压制;如果是 s 波的话,很明显在非磁杂质时为大波矢散射,在磁性杂质时,有大波矢随着偏压的不断增大而出现先由强变弱再变强这一趋势。

我们为了探究同属于"11"体系铁基超导体的铁硫和铁硒碲的不同,我们采用了密度泛函理论结合磁化率的计算进行了比较讨论。因为之前别的科学家们做的实验发现它们尽管结构相同但超导性质区别很大,所以本章主要围绕它们的电子结构方面从能带、态密度和费米面等方面探讨了二者的区别,最后发现由于硫族元素与铁平面的距离的差别导致二者尽管电子结构有很大相似之处,但也有区别:(1) FeS 中缺少了一个位于布里渊区中心的空穴口袋;(2) Fe 的 $d_{x^2-y^2}$ 轨道在二者中的态密度改变最大,特别是它在费米面上的比重不同;(3)我们进一步研究了费米面嵌套结构,发现 $FeSe_{0.5}Te_{0.5}$ 中峰值变化非常快,但是 FeS 中的峰值变化特别慢,$FeSe_{0.5}Te_{0.5}$ 中峰值变化速度几乎是 FeS 中峰值变化速度的 20 倍。由于在铁基超导体中,费米面嵌套结构被认为对超导配对起重要影响,因此我们推断这也是二者超导配对差异的重要原因。总之,铁硫和铁硒碲虽然空间上的晶体结构基本相同,但超导性质有很大不同,我们通过电子结构比较发现硫族元素与铁平面的距离的差别导致了二者电子结构的微小差别,影响了费米面嵌套结构,进而导致了二者不同的超导配对对称性。

上述研究对以后进一步明确 FeS 及其他"11"族铁基硫族化合物的超导配对对称性研究有一定的理论指导意义,另外"11"体系作为最简单的铁基高温超导材料,它们的超导电性会对其他铁基高温超导材料的相关研究提供一定的帮助。

参考文献

[1] F C Hsu,J Y Luo,K W Yeh,et al. Superconductivity in the PbO - type Structure Alpha - FeSe[J]. Proceedings of the National Academy of Sciences of the United States of America,2008,105,14262.

[2] M H Fang, H M Pham, B Qian, et al. Superconductivity Close to Magnetic Instability in Fe ($Se_{1-x} Te_x$) $_{0.82}$[J]. Physical Review B, 2008, 78, 224503.

[3] W. Si, S. J. Han, X. Shi, et al. High Current Superconductivity in $FeSe_{0.5} Te_{0.5}$ - Coated Conductors at 30 Tesla[J]. Nature Communications,2013, 4, 1347.

[4] I I Mazin, D J Singh, M D Johannes, et al. Unconventional superconductivity with a sign reversal in the order parameter of $LaFeAsO_{1-x} F_x$ [J]. Physical Review Letters,2008, 101,057003.

[5] J D Fletcher,A Serafin,L Malone,et al. Evidence for a nodal - line superconducting state in LaFePO[J]. Physical Review Letters,2009,102,147001.

[6] C W Hicks, T M Lippman, M E Huber, et al. Evidence for a nodal energy gap in the iron - pnictide superconductor LaFePO from penetration depth measurements by scanning SQUID susceptometry[J]. Physical Review Letters, 2009,103,127003.

[7] M Yamashita, N Nakata, Y Senshu, et al. Thermal conductivity measurements of the energy - gap anisotropy of superconducting LaFePO at low temperatures[J]. Physical Review B,2009,80,220509(R).

[8] K Hashimoto,M Yamashita,S Kasahara,et al. Line nodes in the energy gap of superconducting $BaFe_2 (As_{1-x} P_x)_2$ single crystals as seen via penetration depth and thermal conductivity[J]. Physical Review B,2010,81,220501(R).

[9] J K Dong,S Y Zhou,T Y Guan,et al. Quantum Criticality and Nodal Su-

perconductivity in the FeAs – Based Superconductor KFe_2As_2 [J]. Physical Review Letters,2010,104,087005.

[10] K Kuroki,H Usui,S Onari,et al. Pnictogen height as a possible switch between high – nodeless and low – nodal pairings in the iron – based superconductors[J]. Physical Review B,2009,79,224511.

[11] R Thomale, C Platt, W Hanke, et al. Mechanism for explaining differences in the order parameters of FeAs – based and FeP – based pnictide superconductors[J]. Physical Review Letters,2011,106,187003.

[12] H Miao,P Richard,Y Tanaka,et al. Isotropic superconducting gaps with enhanced pairing on electron Fermi surfaces in $FeTe_{0.55}Se_{0.45}$ [J]. Physical Review B ,2012,85,094506.

[13] J K Dong, T Y Guan, S Y Zhou, et al. Multigap nodeless superconductivity in $FeSe_x$: Evidence from quasiparticle heat transport [J]. Physical Review B,2009,80,024518.

[14] J Y Lin,Y S Hsieh,D A Chareev,et al. Coexistence of isotropic and extended – wave order parameters in FeSe as revealed by low – temperature specific heat[J]. Physical Review B,2011,84,220507(R).

[15] C L Song,Y L Wang,P Cheng,et al. Direct observation of nodes and twofold symmetry in FeSe superconductor[J]. Science,2011,332,1410.

[16] S Kasahara, T Watashige, T Hanaguri, et al. Field – induced superconducting phase of FeSe in the BCS – BEC cross – over[J]. Proceedings of the National Academy of Sciences of the United States of America, 2014, 111,16309.

[17] X Lai,H Zhang,Y Wang,et al. Observation of superconductivity in tetragonal FeS[J]. Journal of the American Chemical Society,2015,137,10148.

[18] H Lin,Y Li,J Xing,et al. Multiband superconductivity and large anisotropy in FeS crystals[J]. Physical Review B,2016,93,144505.

[19] C Borg,X Zhou,C Eckberg,et al. Strong anisotropy in nearly ideal tetrahedral superconducting FeS single crystals [J]. Physical Review B, 2016, 93,094522.

[20] S Li,C de la Cruz,Q Huang,et al. First – order magnetic and structural phase transitions in $Fe_{1+y}Se_xTe_{1-x}$[J]. Physical Review B,2009,79,054503.

[21] S Margadonna,Y Takabayashi,M T McDonald,et al. Crystal structure of the new $FeSe_{1-x}$ superconductor [J]. Chemical Communications, 2008,

43,5607.

[22] C H. Lee,A Iyo,H Eisaki,et al. Effect of Structural Parameters on Superconductivity in Fluorine - Free $LnFeAsO_{1-y}$(Ln = La,Nd) [J]. Journal of the Physical Society of Japan,2008,77,083704.

[23] Z P Yin,S Lebe'gue,M J Han,et al. Electron - hole symmetry and magnetic coupling in antiferromagnetic LaFeAsO[J]. Physical Review Letters,2008,101,047001.

[24] D J Singh,M H Du. Density Functional Study of $LaFeAsO_{1-x}F_x$: A Low Carrier Density Superconductor Near Itinerant Magnetism[J]. Physical Review Letters,2008, 100,237003.

[25] D J Singh. Electronic structure of Fe - based superconductors[J]. Physica C,2009, 469,418.

[26] A Subedi,L Zhang,D J Singh,et al. Density functional study of FeS, FeSe,and FeTe: Electronic structure,magnetism,phonons,and superconductivity [J]. Physical Review B,2008,78,134514.

[27] K Kuroki,S Onari,R Arita,et al. Unconventional Pairing Originating from the Disconnected Fermi Surfaces of Superconducting $LaFeAsO_{1-x}F_x$[J]. Physical Review Letters,2008,101,087004.

[28] D Phelan, J N Millican, E L Thomas, et al. Neutron scattering measurements of the phonon density of states of $FeSe_{1-x}$ superconductors[J]. Physical Review B,2009,79,014519.

[29] Q Han,Y Chen,Z D Wang et al. A generic two - band model for unconventional superconductivity and spin - density - wave order in electron - and hole - doped iron - based superconductors[J]. Europhysics Letters,2008,82,37007.

[30] M M Korshunov,I Eremin Theory of magnetic excitations in iron - based layered superconductors[J]. Physical Review B,2008,78,140509(R).

[31] K Haule, G Kotliar. Coherence - incoherence crossover in the normal state of iron oxypnictides and importance of Hund's rule coupling[J]. New Journal of Physics,2009,11,025021.

[32] S Graser,T A Maier,P J Hirschfeld,et al. Near - degeneracy of several pairing channels in multiorbital models for the Fe pnictides[J]. New Journal of Physics,2009, 11,025016.

[33] F Ma, Z Y Lu, T Xiang. Arsenic - bridged antiferromagnetic superexchange interactions in LaFeAsO[J]. Physical Review B,2008,78,224517.

[34] F Ma,W Ji,J Hu,Z Y Lu,et al. First-Principles Calculations of the Electronic Structure of Tetragonal α-FeTe and α-FeSe Crystals：Evidence for a Bicollinear Antiferromagnetic Order [J]. Physical Review Letters，2009，102,177003.

[35] X W Yan,M Gao,Z Y Lu,et al. Electronic and magnetic structures of the ternary iron selenides AFe_2Se_2(A＝Cs,Rb,K,or Tl) [J]. Physical Review B,2011,84,054502.

[36] Y Y Xiang,W S Wang,Q H Wang,et al. Topological superconducting phase in the vicinity of ferromagnetic phases[J]. Physical Review B,2012,86,024523.

第6章　二维过渡金属化合物
电子结构及超导相探索

6.1　引　言

  2004 年石墨烯的发现,引发学者对二维材料相关性质的研究热潮。二维材料在微电子、光电子和自旋电子等领域都具有广泛的应用前景,研究它们的奇特物性已日益成为凝聚态物理学、材料科学等前沿热点问题。近年来,研究者相继合成了多种新型二维材料,如硅(锗)烯、黑磷、六方氮化硼(h - BN)以及层状的过渡金属二硫化物(TMDs)等。这些材料都具有新颖的物性和丰富的物理内涵,如 2H - MoS_2 为直接带隙半导体,实验发现其具有荧光性,在电子学、光电子学等方面都具有广阔的应用前景。又比如层状结构的黑磷(BP),它具有高的载流子迁移率和大的开关比,因此将在光探测和半导体领域具有广泛的用途。陈仙辉等发现黑磷可以实现二维电子气体,并观察到量子振荡和霍尔效应,通过应力则可以在黑磷中实现狄拉克半金属态。二维材料中这些丰富的物理内容,为研究奇特的量子现象提供了良好平台。

  如果将二维材料与超导电性联系在一起即得到二维超导体,对于它的研究不仅能丰富二维材料的物理内容,也可能成为研究超导配对机理的关键。2018 年"魔角"石墨烯的发现更是将这一领域的研究带到了新的高峰。单层石墨烯在超低温度下表现出超导电性,如果将双层石墨烯扭转成特定角度,则表现为绝缘体。然后这种绝缘体能通过加微弱电场也就是掺杂电子的途径实现超导转变,这种行为正是类似于高温超导铜氧化物。"魔角"石墨烯的发现为研究高温超导机理提供非常重要的线索。众所周知,目前已知的高温超导跟过渡金属密不可分,如铜氧化物与铁基超导体。其中二维的 CuO 层及 FePn(Ch)层被认为对超导等相关电性起主要贡献。过渡金属元素由于其电子关联和自旋轨道耦合等多种相互作用表现出丰富物性。那么能否在二维过渡金属化合物中实现超导转变甚至是实现非常规超导？这是二维超导体研究中非常重要的核心问题。

由于低维性和衬底的影响，二维材料表现出的性质可能与三维材料具有很大差异。如 MoS_2 体材料为间接带隙，而单层 MoS_2 为直接带隙半导体，具有特殊的光学性质。另一典型的例子就是生长在 $SrTiO_3$ 衬底上的单层 FeSe 薄膜。FeSe 体材料在常压下 T_c 为 8 K，经加压其超导转变温度可提升至 36.7 K，而生长在 $SrTiO_3$ 衬底上的单层 FeSe 其超导转变温度可提升至 100 K 以上。超导温度为什么有如此大的差异，其内部原因仍待进一步的研究。目前一些工作显示可能是衬底的作用及电声耦合的原因，但还缺少定论。最近薛其坤等研究组又成功在 $SrTiO_3$ 衬底上合成了单层 CoSe 和 CoSb，它们的晶体结构与 FeSe 相同。尽管单层 CoSe 并没有显示超导转变，但角分辨光电子光谱（ARPES）显示如将费米面向下移 0.25 eV 则得到与单层 FeSe 相似的费米面结构。而在 CoSb 中实验结果显示超导行为，如明显的超导能隙相干峰现象和磁性测量显示 14 K 的超导转变，预示单层 CoSb 薄膜的超导现象为非常规超导。研究二维 CoSe 和 CoSb 一方面对单层 FeSe 的研究提供重要参考，另一方面能否探索更多的二维钴基超导体也将是理论和实验共同的方向。目前这类相关研究还很少，特别是理论上探索新的稳定结构的二维钴基超导材料，研究这类材料中可能的超导配对与电荷序及磁性序的关系，基于此，本项目拟在这一方面展开相关研究。

在已知二维材料中实现超导转变也是研究者一直追寻的目标。通过载流子掺入或应力等方式，相关实验已在多种 VI-B 族（Mo，W）形成的过渡金属二硫化物（TMDs）材料中实现了超导转变。例如在单层的 2H-MoS_2 薄膜中，东京大学研究组通过离子栅极的方式引入了载流子，在电子浓度 $n > 0.05$ 时观测到了超导转变，并且随着掺入载流子浓度的增加，发现其超导转变温度迅速增加，在掺杂浓度 $n = 0.1$ 附近达到最高 $T_c = 10.8$ K。其超导态具有一定的奇异性，当加外界磁场时，实验发现 2H-MoS_2 中的超导态为二维的 Ising 超导态，其配对电子的自旋被有效的塞曼场给定扎住。TMDs 中超导电性被发现以来，怎样去理解其中的超导配对机制一直是热点问题。对于 2H-MoS_2 而言，理论计算显示超导是电声耦合机制，并且随着掺入载流子浓度提高，电声耦合增强，超导转变温度也相应地提升，但计算得到的超导转变温度比实验值要高。但另外有理论研究显示 MoS_2 超导也可能是由电子-电子之间的关联作用诱导。相关研究针对重度掺杂下的 MoS_2 理论比较了不同相互作用（电子-声子，电子-电子）的强度，指出其超导是由这两种相互作用共同诱导而成但电声作用较弱。Yuan 等人基于 K(K') 点附近的有效 k * p 哈密顿量，考虑 Rashba 的自旋轨道耦合效应，研究了 MoS_2 中的可能超导配对对称性，最后指出 MoS_2 中超导态可能是 p 波的自旋三重态，具有奇异的拓扑性。MoS_2 超导机制的探讨仍在继续,而对其他 MoX_2 如 $2H-MoSe_2$,$2H-WS_2$ 超导配对机理及对称性的理论探索还相对较少,针对这些材料的超导机理的相关探讨能通过分析比较进而为研究 MoS_2 配对微观机理提供重要线索。

另外,在一些 TMDs($2H-NbSe_2$,$2H-TaSe_2$,$2H-NbS_2$)中还存有电荷密度波序和超导序共存和竞争的关系,理解这一关系将对超导机理的研究具有重要的指导意义。如 Suderow 等对 $2H-NbSe_2$ 加压并测量超导上临界场,实验结果显示一定压强下超导与电荷密度波序共存,一直到 5 GPa 时电荷密度波序被压制,当压强为 10.5 GPa 时超导温度达到最大值 8.5 K。除了电荷密度波序和超导序共存的情况外,相关实验也发现在压制电荷密度波序后,相应的 TMDs 也可能形成超导转变。如对于体 $1T-TiSe_2$,实验显示它在 200 K 附近发生电荷密度波转变变成半金属,相应的电荷密度波序具有手征的特性。经掺入 Cu 后,实验发现 $1T-TiSe_2$ 中的电荷密度波被压制并形成无节点的超导序,其超导转变温度约为 4 K。基于两能带 Hubbard 模型的变分蒙特卡洛计算显示电荷密度波序由库仑和电声耦合共同作用的结果。声子谱和电声耦合显示 $1T-TiSe_2$ 超导与电荷密度波序造成的声子软模有很大关系。超导配对对称性也能帮助我们探寻背后的配对机理,实验和理论结果显示 $1T-TiSe_2$ 的超导态为具有很强各向异性的多带 s 波。当考虑电子关联作用和自旋轨道耦合时,理论计算表明单层 $1T-TiSe_2$ 超导态具有时间反演破缺的拓扑性。对于这些材料中电荷密度波序和超导序的机制以及它们之间的关系仍有待进一步的研究。

寻找新型二维超导体特别是二维非常规超导体也是研究者一直追寻的目标。新型超导材料往往具有一些新颖独特的结构或物性,研究它们将为揭示超导机理提供很好的平台,也可能会带来更广泛的应用前景。非常规超导材料常常跟磁性联系在一起,对于二维材料,能否按照以往的思路在一些二维磁性材料中通过掺杂或施加应力的方式实现超导转变? 这将是本项目拟完成的目标。目前发现的磁性一方面是在二维材料中掺入 Ni、Fe 等过渡金属颗粒;另一方面如同三维材料一样,在 3d 过渡金属化合中广泛发现磁性材料,如 Fe_3GeTe_2,一些二维过渡金属碳氮化物(MXenes,如 Nb_2C、V_2C、Ti_2C、Ti_2N、Nb_2N 等)。但这些二维磁性材料往往表现出铁磁性,而不是如铜氧化物等高温超导体那样为反铁磁性。那么能不能实现反铁磁性二维过渡金属化合物,并且实现非常规超导将会对理解超导机理具有重要的意义。特别是 MXenes 为新型的二维万能材料,具有高比表面积、高电导率等特点,又具备组分灵活可调、最小纳米层厚可控等优势。之前的研究大都是在储能、水处理、电磁屏蔽、传感以及光电化学催化等领域,但 MXenes 丰富的物性远不止这些,已有对其磁性和超导性的探索。如陈亮等发现 $Cr_2TiC_2F_2$ 和 Cr_2TiC_2($OH)_2$ 为反铁磁体,但相似化合物 $Cr_2VC_2(OH)_2$、$Cr_2VC_2F_2$ 和 $Cr_2VC_2O_2$ 则为铁磁体。董帅等通过计算发现 $Hf_2VC_2F_2$ 属于第二类多铁体,具有 $120°$ 的非线性反铁磁序和由这一磁性诱导的铁电性。研究 MXenes 超导性的工作少之又少,之前基于密度泛函和电声耦合计算发现具有官能团修饰的 Mo_2C 中可以实现 13 K 的超导转变温度,而最近的实验发现 Nb_2C 中可实现 12.5 K 的超导转变。更多类型和结构的 MXenes 中可能的超导电性具有可预期的研究前景,特别对一些具有磁性 MXenes 非常规超导的探索,以及研究官能团修饰对 MXenes 电子结构和电声耦合的影响。

综上所述,二维过渡金属化合物中超导电性还有许多问题值得探索和研究,特别是探索新的二维超导体、研究二维过渡金属化合物中超导电性的起源及其配对对称性。因此,有必要从理论上进一步研究二维过渡金属化合物中超导电性的起源以及超导态的性质。本项目针对几种二维过渡金属化合物超导配对机理问题,拟利用密度泛函(DFT)以及泛函重整化群(FRG)等理论方法进行研究,为该类材料热点问题研究提供一定的理论思路。

6.2　四方结构 CoSe 电子结构及自旋磁化率计算

近十年来,铁基超导体引起了人们极大的兴趣。其中,$FeCh(Ch=S,Se,Te)$ "11"族晶体结构最简单,但具有丰富的物理性质。以 FeSe 为例,压力可以使 FeSe 块材的 T_c 从 8 K 提高到 36.7 K。当在 $SrTiO_3$ 上生长时,单层 FeSe 的 T_c 甚至可以提高至 100 K。此外,"11"体系 FeCh 的配对对称性也是一个有争议的问题。而 $FeTe_{0.55}Se_{0.45}$ 中的配对被认为是完全间隙的,在块状 FeSe 中存有一定争议:如比热测量出有节点的超导能隙,但扫描隧道显微镜显示能隙无节点的。所有这些特征使"11"体系成为研究铁基超导体内在性质的有趣而良好的系统。

最近,学者获得了具有反 PbO 型结构的体材料和单层相 CoSe,其晶体结构与 "11"族 FeCh 相同。实验表明,CoSe 薄膜具有与单层 FeSe 薄膜相似的能带结构,但与之相比费米能级上移 0.25 eV,带宽增大。自然,它可能会启发未来对实现 CoSe 基超导体的研究。考虑到 Co 原子 $3d^7$ 对 Fe 原子 $3d^6$ 的替代,CoSe 可以被看作是 FeSe 中的重电子掺杂情况。因此,研究反 PbO 结构类型的 CoSe 为重电子掺杂 FeSe 相的物理性质提供了新的见解。我们拟用密度泛函理论(DFT)方法计算了体材料和单层相 CoSe 的电子结构。然后用最大局域 Wannier 函数构造了 5 轨道紧束缚模型。为了研究未掺杂和空穴掺杂情况下的嵌套条件,我们进行了无轨相近似(RPA)计算。

利用实验的参数,我们建立了 CoSe 体材料的晶格模型,并且利用软件在

$SrTiO_3$ 衬底上建立了单层 CoSe 薄膜。单层 CoSe 中,我们采用了 12 Å 的真空层来屏蔽层与层之间的相互作用。对于体材料 CoSe 我们使用 $18 \times 18 \times 18$ k 点网格对不可约束的布里渊区域进行采样,而对于单层 CoSe 利用的是 $18 \times 18 \times 1$ 的 k 点网格来进行取样。四方相的块材 CoSe 结构如图 6-1(a)所示,为了研究单层 CoSe 的电子性质,我们使用六层 $SrTiO_3$(001)来模拟 $SrTiO_3$ 衬底,如图 6-1(b)所示。最终我们采用了 TiO_2 层为终止的表面结构,CoSe 层则吸附在其顶侧。另外我们还考虑了自由的单层 CoSe 模型。晶体结构模型如图 6-1 所示。

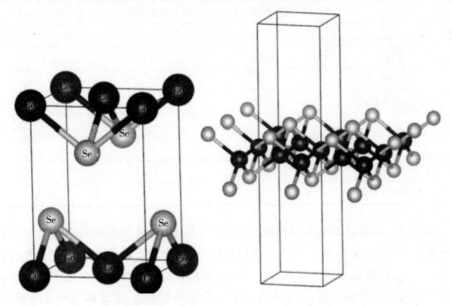

图 6-1 CoSe 体材料晶体结构(a)和生长在 $SrTiO_3$ 衬底上的单层 CoSe(b)

从图 6-1 中很明显地可以看出四方相 CoSe 的晶体结构和 FeSe 的晶体结构基本一致。对于体材料的 CoSe 来说,钴原子位于四方晶系的顶点处,硒原子排列在晶格的内部,对于单层 CoSe 来说是钴原子构成了四方晶系的平面,硒原子排列在钴原子的两侧。

考虑到体材料 CoSe 是亚稳态的,密度泛函理论计算是基于实验几何构型进行的,只弛豫硒原子的内部坐标 z_{Se}。弛豫后,我们得到 $z_{Se} = 0.260$,与实验值 $z_{Se} = 0.269$ 符合得很好。相应的 Se 原子距离 Co 原子所组成平面高度 $h_{Se} = 1.374$ Å,比 FeSe 体材料中的高度(1.465 Å)短。为了研究单层 CoSe 的电子性质,我们使用了六层 $SrTiO_3$(001)基底,与具有 CoSe 自由单层的模型做了对比。结果显示两者性质上十分相似,因此我们只讨论自由的单层 CoSe 的结果。面内晶格常数为 3.74 Å,得到的 $h_{Se} = 1.358$ Å,与实验得到的 $h_{Se} = 1.352$ Å 非常接近。

为了获得体材料 CoSe 和单层 CoSe 的磁性基态,在计算过程中我们考虑了五种不同的磁性结构:顺磁态、铁磁态和三种不同的反铁磁态包括奈尔反铁磁、共线性反铁磁和双条纹反铁磁。结果显示,无论是 CoSe 体材料还是单层结构,奈尔和双条纹反铁磁最终都会收敛到顺磁态。因此,只给出表 6-1 中其他三种磁构型(包括顺磁、铁磁及条纹状反铁磁)的结果。

表 6-1 体材料与单层 CoSe 的各磁态下硒原子
弛豫高度(h_{SE})、相对能量(E_{tot})和 Co 原子磁矩(m_{Co})

	弛豫高度(Å)	相对能量(MeV)	磁矩(μ_B)
体 CoSe			
顺磁	1.364	0	0
铁磁	1.371	−30.4	0.35
条纹状反铁磁	1.373	−16.3	0.30
单层 CoSe			
顺磁	1.364	0	0
铁磁	1.358	−19.3	0.41
条纹状反铁磁	1.373	−10.1	0.43

表格显示铁磁状是块状和单层 CoSe 的磁性基态,这与先前的实验结果一致。所获得的 Co 的磁矩远低于 FeSe 中的 Fe 磁矩,相比之下磁矩大小约为 FeSe 的五分之一。另外,值得注意的是虽然条纹状反铁磁在能量上处于劣势之中,并且这种情况在体材料中更加明显,但是和铁磁基态能量相差不大,这意味着该系统接近这两种类型的磁性排序。此外单层 CoSe 中,铁磁态能量相对于顺磁态相差较小,并且磁矩也比较小,导致它可能无法在实验上确定为长程磁序。

为简单起见,我们讨论顺磁态下的电子结构。体材料 CoSe 的电子态密度(DOS)如图 6-2 所示。由于晶体场的劈裂,DOS 在靠近费米能级处被分成两个主要部分。从图 6-2(a)中可以看出 Co 的 3d 轨道主导的电子态是从 −3.1 eV 到 2.0 eV 左右,而在费米能级附近 Se 的 4p 态的贡献很小。Se 的 4p 态主要集中在费米能级以下从 −3.4 eV 到 −6.4 eV 这一区域。由于在费米能级附近是 Co 的 3d 态起主要贡献,所以我们在图 6-2(b)中给出了 Co 的 5 个 3d 轨道分轨道态密度。费米能级附近主要来自 Co-$3d_{xy}$ 轨道,而不是像 FeSe 中那样,Fe 的 $d_{x^2-y^2}$、$d_{xz/yz}$ 三个轨道都在费米能级附近占重要贡献。值得注意的一点是,在 −0.8 eV 附近的 PDOS 的总体形状与 FeSe 中的整体形状非常相似,而这一部分的态密度是由 Co 的 $d_{x^2-y^2}$、$d_{xz/yz}$ 三个轨道来提供。

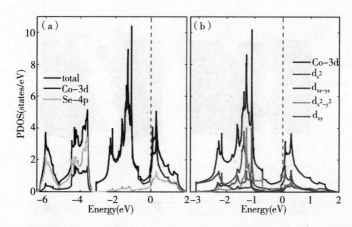

图 6-2　体材料 CoSe 的态密度(a)和 Co 的 5 个 3d 轨道的分轨道态密度(b)

CoSe 体材料的能带结构和费米面(FS)分别如图 6-3(a)和图 6-4 所示。从能带结构可以看出,两个较低的带交叉 E_F 以形成准二维费米面。沿着 M—A 线,这两个能带构成两个几乎简并的电子圆柱体。此外,它们中的一个在 Γ—Z 线周围形成了一个连通的费米口袋,而另一个在 Z 点周围形成浅的电子口袋。而上面的两个能带刚好在 M 点接触费米能级,在布里渊区域的拐角处形成两个电子费米弧。与 FeSe 的费米面结构相比,两个电子圆柱体仍存在,但中间的空穴口袋缺失。这是由于相对于 FeSe,CoSe 中电子重度掺入造成的结果。此外,费米弧意味着系统濒临 Lifshitz 转变点,即费米能级附近有可能发生费米面拓扑的变化。这一转变点也对应于图 6-2 中显示的电子态密度峰值。

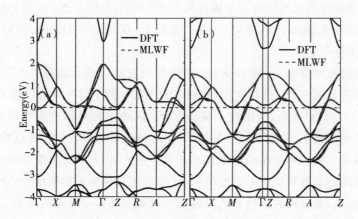

图 6-3　通过 DFT 计算得到的能带和 MLWF 拟合得到能带间的对比

为了比较,我们还计算了单层 CoSe 的电子态密度,结果如图 6-5 所示。很明显,单层与体材料 CoSe 的 DFT 结果存在一定的差异。图 6-5 中的电子态密度显

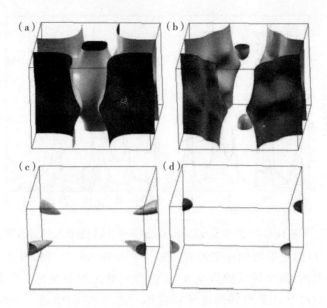

图 6 - 4   体 CoSe 中穿过费米能级的的能带所构成的费米面结构

示 Co 的 3d 轨道主要集中在费米能级附近－3.2 eV 到 1.5 eV。其中，d_{xy} 轨道在费米能级处对电子态密度起主要贡献，而 d_{z^2} 也对费米能级的态密度有所贡献。能带结构与先前 DFT 计算的单层 CoSe 能带结构相同。如图 6 - 3(b) 所示，有两条能带穿过费米能级，形成两个断开的费米面。较低的波段在 Γ 周围形成一个电子口袋，以及在拐角处形成扭曲的电子圆柱。上部能带产生拐角处的几乎简并的电子圆柱，下部能带形成圆柱体。与体材料 CoSe 类似，单层 CoSe 也在 Lifshitz 转变点附近，导致费米能级处出现 DOS 峰。实际上，应用＋0.018 eV 的刚性频带偏移，费米面拓扑明显改变。

实验上成功制备 CoSb 单层薄膜，并且发现它具有超导能隙，为了分析 CoSb 的电子结构并且跟 CoSe 进行比较，我们针对 CoSb 做了简单计算。体 CoSb 的能带结构如图 6 - 5(a) 所示，从结构上看体 CoSb 同铁基超导体有很大相似之处，围绕 Γ 点有三个能带组成空穴口袋，如图 6 - 5(b) 所示；同时，围绕 M 点的两个能带组成电子口袋。从费米面结构示意图可看出，空穴、电子口袋二维性都比较好，可能通过口袋间的散射形成好的嵌套结构。CoSb 体材料能带结构跟 CoSe 能带结构相差较大，但是，通过两者晶格常数及键长可判断二维能带结构的差别主要来自于电子占据数的变化。CoSe 同 CoSb 相比更多的电子占据到 Co 的 3d 轨道，由于费米能级附近都是 Co 的 3d 轨道起主要贡献，致使 CoSe 如同 CoSb 的重度电子掺杂情况。因此判断要想 CoSe 也观测到超导最好的途径是掺入空穴。

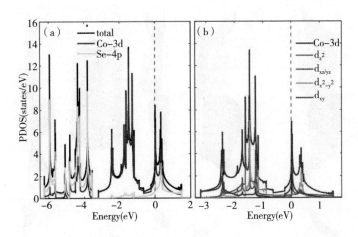

图 6-5　(a)单层 CoSe 的态密度;(b)单层 CoSe 中 Co 的 5 个 3d 轨道的分轨道态密度

为了证明 CoSe 和 FeSe 之间的电子相似性,我们进一步调节费米能级变向更低的能量来模拟实验上的空穴掺杂。体材料和单层 CoSe 都通过刚性近似的方法进行转变。从能带结构来看,在比较小的空穴掺杂时,有两个能带穿过费米能级形成围绕布里渊区边角的两个电子口袋,如图 6-6(a)、(c)所示,这种沿 M—A 线的电子口袋,与 $K_x Fe_{2-y} Se_2$ 和 $SrTiO_3$ 上生长的 FeSe 单层的费米面结构基本一致。当向下移动费米能级时,我们发现 Γ 点处出现能带并穿过费米能级,从而产生沿 Γ—Z 线的空穴口袋。对应于电子填充数为(下面讨论)$n=6.0$ 的费米面如图 6-6(b)、(d)所示,这种费米面拓扑结构明显跟"1111"体系如 LaFeAsO 的费米面结构非常相近。

我们针对四方结构 CoSe 包括体材料和单层材料两种体系做了密度泛函和自旋磁化率的计算。通过密度泛函理论(DFT),我们发现其磁性基态为铁磁态,能量最低。但铁磁基态的能量接近于共线反铁磁态,意味着这一体系中存在这两种磁性序的竞争。不同于 FeSe、CoSe 中费米面附近的电子态主要由 Co-$3d_{xy}$ 轨道贡献。能带和费米面显示 CoSe 体材料和单层 CoSe 都临近 Lifshitz 转变点,如图 6-7(a)、(b)所示。通过刚带近似,我们发现掺杂一定量的空穴能使 CoSe 能带结构和费米面同 $SrTiO_3$ 上 FeSe 薄膜甚至铁砷化合物超导体材料同(如图 6-7(c)、(d))。

基于最大局域化瓦尼尔函数拟合,我们得到了 CoSe 的 5 个 Co-3d 轨道有效紧束缚模型并研究了无规相近似(RPA)磁化率,其结果如图 6-8 所示。对于未掺杂情况(图 6-8(a)),RPA 自旋磁化率在(0,0)显示明显的峰值行为,对应于图 6-7 中用箭头所示的小波矢散射,考虑此时体系临近 Lifshitz 转变点,态密度也具有峰值因此体系倾向于形成铁磁序,这也同上述的 DFT 磁性基态的计算相一致。

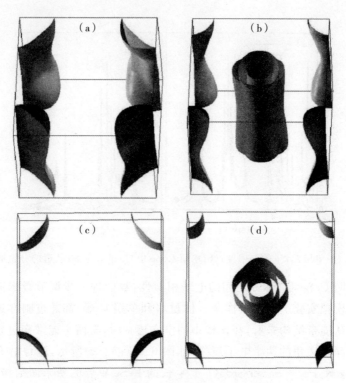

图 6-6 (a)和(b)不同空穴掺杂的体 CoSe 费米面;(c)和(d)单层 CoSe 空穴掺杂费米面

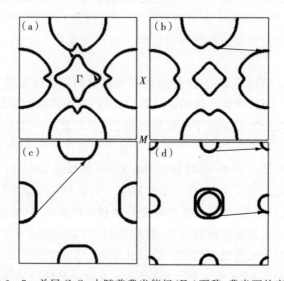

图 6-7 单层 CoSe 中随着费米能级(E_F)下移,费米面的变化

注:图(a),(b),(c),(d)分别是 E_F,$E_F-0.05$ eV,$E_F-0.50$ eV,$E_F-0.97$ eV 的费米面在 $k_z=0$的投影。图中箭头方向代表 RPA 磁化率峰值对应的费米面散射波矢。

少许向下平移费米能级(对应于空穴掺杂),由于费米面结拓扑构发生变化,(0,0)附近的峰值迅速减弱,大的散射波矢对应的峰值增强,可能表明体系中有两种磁性涨落竞争。之后当费米能级平移 -0.50 eV,费米面结构变为四个围绕布里渊区边界的电子口袋,跟同 $SrTiO_3$ 上 FeSe 薄膜或 KFe_2Se_2 等铁硫族超导体非常相似,此时自旋磁化率峰值只分布在边角处,意味着体系形成反铁磁涨落,但缺少好的费米面嵌套结构。当费米能级平移 -0.97 eV 时,此时费米面跟之前广泛研究的铁砷超导体非常相近,而磁化率图 6-8(d)显示此时峰值在 $(\pi,0)$ 及其对称点,也同之前广泛研究的铁基超导体磁化率相同,证明空穴掺杂或其他方式比如加电场等实验手段可以在 CoSe 中实现同铁基超导体一样的共线性反铁磁涨落,从而得到相应的超导现象。此外,CoSe 显示重电子掺杂时存在铁磁序和共线性反铁磁序之间的竞争,为铁基超导体的相关性质提供了新的研究平台。

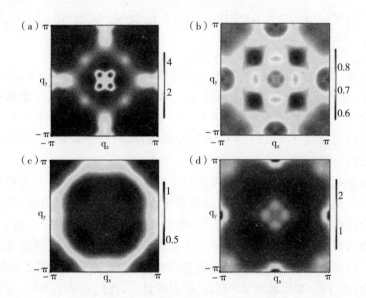

图 6-8　单层 CoSe 中随着费米能级(E_F)下移费米面的变化

我们利用第一性原理对四方相的 CoSe 进行了理论研究,包括体材料和单层的 CoSe 薄膜。通过 DFT 我们发现基态是铁磁态。能带结构和费米面表明它们都在 Lifshitz 转变点附近。由于 Lifshitz 转变点的存在,在费米能级附近我们发现了 DOS 的窄峰。与 FeSe 不同的是,费米能级附近的电子态是由 Co-3d_{xy} 轨道起主要贡献,这构成了复杂的费米面的拓扑结构。为了考虑四方相 CoSe 和 FeSe 的相似之处,我们将费米能级向更低的能量进行了平移,也就是进行了空穴掺杂的研究。

在空穴掺杂时,我们发现费米面变得非常类似于 FeSe。众所周知,嵌套的费米面增强了嵌套向量处的自旋波动,并且导致了非常规的超导。为了研究嵌套条件与空穴掺杂的这种演变,我们基于上面讨论的有效模型进行了 RPA 计算。我们发现对于未掺杂的情况在$(0,0)$周围具有主导峰值,在$(\pi,0)$附近具有子主导峰值,与铁磁基态一致。在轻微的空穴掺杂时,$(\pi,0)$峰成为主导。在大量的空穴掺杂中,磁化率与 FeSe 非常相似,由于 CoSe 和 FeSe 之间的巨大结构和电子相似性,这是很自然的。

我们最终得到的结论是,四方 CoSe 的研究可以为研究极端电子掺杂的 FeSe 提供新的机会,并且在将来有望研究出 Co 基的超导材料,但是这个体系是需要进行大量的空穴掺杂来实现超导。

6.3　单层 NbF_4 相关电子结构和超导相研究

众所周知,铜氧高温超导体母体化合物中 Cu^+ 临近 d^9 电子构型,即一个铜外有 9 个电子,这样导致只有最高能量的 $d_{x^2-y^2}$ 轨道未被填满,因此在费米能级附近对电子结构起主要贡献的是 $d_{x^2-y^2}$ 轨道。由于临近半满情况,费米面为正方形有很好的嵌套结构,易形成(π,π)的 G 类型反铁磁序,有别于铁基超导体$(\pi,0)$的 C 类型(共线性)反铁磁序。

铜氧化物高温超导体的一个重要研究方向是找到其电子性质与它相类似的材料进行比较研究,比如最近比较热门的镍氧化物超导体的研究。另外,寻找 d^1 电子构型的化合物也是一个有趣的研究方向,此时 d 轨道只有一个电子占据,也可以实现一个轨道对费米能级附近电子性质起主要贡献,半满时形成 G 类型反铁磁序和高温超导。但距今仍未找到一种合适的化合物,比如 Sr_2VO_4,研究者发现 V 的三个 t_{2g} 轨道相互纠缠,难以形成 d^1 构型。在本项目中,我们对单层 NbF_4 进行了理论研究,利用第一性原理,我们发现它具有 $4d^1$ 电子构型,电子结构也跟铜氧化物具有很大的相似之处。我们还得到了 d_{xy} 单轨道的紧束缚模型,利用 FRG 研究了电子关联下的有序态以及超导配对对称性。

在本小节中,我们对单层 NbF_4 进行了研究,发现它具有 $4d^1$ 电子构型。单层 NbF_4 由 N. Mounet 等人提出,它可以从体材料中剥离出来。其晶体结构如图 6-9 所示,可以看到 Nb 原子组成正方形晶格,由中间的 F 原子桥接,结构与铜氧化物中 CuO 面非常相似。其中图 6-9(b)显示 F 原子构成八面体结构,如同铜氧化物中氧八面体。经过计算,声子谱没有虚频,证明它的结构动力学稳定,跟之前的研究结果相一致。

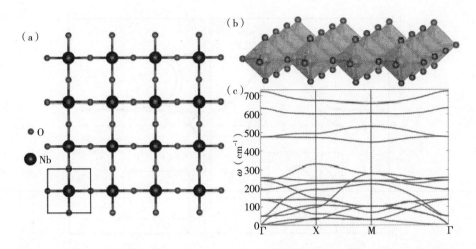

图 6-9 单层 CoSe 在 $U=0.8$ eV，$J_H=U/5$ 下不同费米面变化对应的 RPA 自旋磁化率

我们利用第一性原理得到了单层 NbF_4 的电子结构，如图 6-10 所示。可以明显看到只有一个能带穿过费米能级形成四方形状，结构简单的费米面。从态密度可明显看出，$Nb-4d_{xy}$ 轨道对这一能带起主要贡献。而从图 6-10(a) 插图中可看出，自旋轨道耦合对电子结构基本上没有影响。另外我们计算了磁性基态，计算结果显示 G 类型反铁磁（即最近邻 Nb 符号相反）能量最低，这可以从费米面的嵌套结构来理解。四方形状的费米面可以由 (π,π) 相联系，形成这一方向的反铁磁序失稳。这种磁序正和铜氧化物磁序相同。为了进一步验证单层 NbF_4 具有莫特绝缘性，我们在 G 类型反铁磁基础上考虑电子关联效应 U 的作用。利用 GGA+U，我们发现体系很容易打开能隙，形成绝缘态。如 $U=3.0$ eV 时，体系的能隙为 2.0 eV，证明单层 NbF_4 具有莫特绝缘行为。

单层 NbF_4 的电子结构跟铜氧化物有很大相似之处，因此预想其也可以得到非常规超导。为了研究其可能的非常规超导性质，我们先用最大局域化瓦尼尔函数拟合得到 $Nb-4d_{xy}$ 的单轨道有效紧束缚模型。基于此模型，我们借助 FRG 方法，研究电子关联作用下可能的有序态。在半满（电子占据数 $n=1.0$）状态时，最终 (π,π) 自旋密度波通道发散，意味此时体系形成反铁磁序，正好对应之前第一性原理计算结果。当体系经掺杂远离半满时，我们发现无论电子还是空穴掺杂，如图 6-11 所示，反铁磁涨落被压制，体系形成超导有序态，其超导能隙可明显看出为 $d_{x^2-y^2}$ 波。我们进一步考虑了不同的相互作用，其定性结果不变，除了当相互作用增大时，反铁磁态更容易发散。然后通过刚带近似，我们研究不同占据数和相互作用下可能有序态情况，可以看到，在同一相互作用下体系在半满附近 G 类型反铁磁发散，在远离半满时形成 d 波超导，其大致相图如图 6-12 所示。根据此相图，我

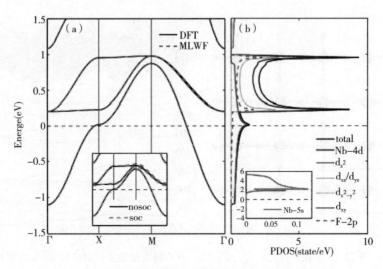

图 6 - 10 通过 DFT 获得的单层 NbF_4 电子结构示意图

们认为单层 NbF_4 的超导性质跟铜氧化物相似,这是由相似的电子结构导致的结果。综上,我们认为单层 NbF_4 可能是 $4d^1$ 电子构型的铜氧高温超导体类似化合物,它的发现可能为实现二维高温超导材料提供新的机会。

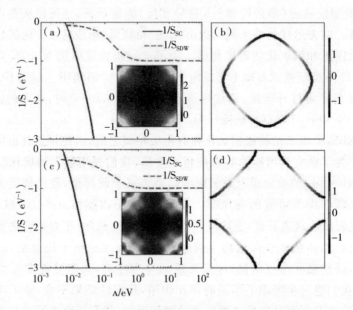

图 6 - 11 在 $n=0.85$ 和 $n=1.26$ 自旋散射通道和超导通道的

FRG 流动示意图及能隙函数在费米面上的投影

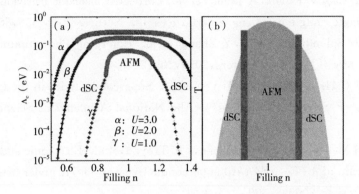

图 6-12　单层 NbF₄ 中 FRG 得到的最终发散的能标随着
相互作用以及电子占据数 n 的变化趋势

参考文献

[1] K S Novoselov, A K Geim, S V Morozov, et al. Electric field effect in atomically thin carbon films[J]. Science, 2004, 306, 666.

[2] D Lembke, S Bertolazzi, A. Kis, Single - Layer MoS₂ Electronics[J]. Accounts of chemical research, 2015, 48, 100.

[3] O V Yazyev, A Kis. MoS₂ and semiconductors in the flatland[J]. Materials Today, , 2015, 18, 20.

[4] L Li, Y Yu, G J Ye, Q Ge, et al. Black phosphorus field - effect transistors[J]. Nature Nanotechnology, 2014, 9(5), 372.

[5] J Qiao, X Kong, Z X Hu, et al. High - mobility transport anisotropy and linear dichroism in few - layer black phosphorus[J]. Nature Communications, 2014, 5, 4475.

[6] L Li, G J Ye, V Tran, et al. Quantum oscillations in a two - dimensional electron gas in black phosphorus thin films[J]. Nature Nanotechnology, 2015, 10 (7), 608.

[7] L Li, F Yang, G J Ye, et al. Quantum Hall effect in black phosphorus two - dimensional electron system[J]. Nature Nanotechnology, 2016, 11, 593.

[8] Z J Xiang, G J Ye, C Shang, et al. Pressure - induced electronic transition in black phosphorus[J]. Physical Review Letters, 2015, 115, 186403.

[9] Y Cao, V Fatemi, S Fang, et al. Unconventional superconductivity in magic - angle graphene superlattices[J]. Nature, 2018, 556, 43.

[10] Y Cao, V Fatemi, A Demir, et al. Correlated insulator behaviour at half-filling in magic-angle graphene superlattices[J]. Nature. 2018,556,80.

[11] A Splendiani, L Sun, Y Zhang, et al. Emerging Photoluminescence in Monolayer MoS_2[J]. Nano Letters,2010,10,1271.

[11] F C Hsu, J Y Luo, K W Yeh, et al. Superconductivity in the PbO-type structure α-FeSe[J]. Proceedings of the National Academy of Sciences,2008,105,14262.

[12] S Medvedev, T M McQueen, I A Troyan, et al. Electronic and magnetic phase diagram of β-$Fe_{1.01}$Se with superconductivity at 36.7K under pressure[J]. Nature Materials,2009,8,630.

[13] Q Y Wang, Z Li, W H Zhang, et al. Interface-induced high-temperature superconductivity in single unit-cell FeSe films on $SrTiO_3$[J]. Chinese Physics Letters,2012,29,037402.

[14] J F Ge, Z L Liu, C H Liu, et al. Superconductivity above 100 K in single-layer FeSe films on doped $SrTiO_3$[J]. Nature Materials,2015,14,285.

[15] J J Lee, F T Schmitt, R G Moore, et al. Interfacial mode coupling as the origin of the enhancement of T_c in FeSe films on $SrTiO_3$[J]. Nature,2014,515,245.

[16] D H Lee. What makes the T_c of FeSe/$SrTiO_3$ so high? [J] Chinese Physics B,2015,24,117405.

[17] C Liu, F Zheng, L Shen, et al. Anti-PbO-type CoSe film: a possible analog to FeSe superconductors[J]. Superconductor Science & Technology,2018,31,115011.

[18] L Shen, C Liu, F W Zheng, et al. Evolution of electronic structure and electron-phonon coupling in ultrathin tetragonal CoSe films[J]. Physical Review Materials,2018,2,114005.

[19] C Ding, G Gong, Y Liu, et al. Signature of Superconductivity in Orthorhombic CoSb Monolayer Films on $SrTiO_3$(001) [J]. ACS Nano, 2019, 13, 10434-10439.

[20] J T Ye, Y J Zhang, R Akashi, et al. Superconducting dome in a gate-tuned band insulator[J]. Science,2012,338,1193.

[21] J M Lu, O Zheliuk, I Leermakers, et al. Evidence for two-dimensional Ising superconductivity in gated MoS_2[J]. Science,2015,350,1353.

[22] Y Z Ge, A Y Liu, Phonon-mediated superconductivity in electron-

doped single – layer MoS_2： A first – principles prediction[J]. Physical Review B, 2013,87,241408.

[23] R Roldan, E Cappelluti, F Guinea, et al. Interactions and superconductivity in heavily doped MoS_2 [J]. Physical Review B, 2013, 88,054515.

[24] N F Yuan, K F Mak, K T Law. Possible Topological Superconducting Phases of MoS_2[J]. Physical Review Letters,2014,113,097001.

[25] H Suderow, V G Tissen, J P Brison, et al. Pressure Induced Effects on the Fermi Surface of Superconducting $2H – NbSe_2$[J]. Physical Review Letters, 2005,95,117006.

[26] E Morosan, H W Zandbergen, B S Dennis, et al. Superconductivity in $Cu_x TiSe_2$[J]. Nature Physics,2006,2,544.

[27] S Y Li, G Wu, X H Chen, et al. Single – Gap – Wave Superconductivity near the Charge – Density – Wave Quantum Critical Point in $Cu_x TiSe_2$ [J]. Physical Review Letters,2007,99,107001.

[28] H Watanabe, K Seki, S Yunoki. Charge – density wave induced by combined electron – electron and electron – phonon interactions in $1T – TiSe_2$： A variational Monte Carlo study[J]. Physical Review B,2015,91,205135.

[29] M Calandra, F Mauri. Charge – Density Wave and Superconducting Dome in $TiSe_2$ from Electron – Phonon Interaction[J]. Physical Review Letters, 2011,106,196406.

[30] Y Noat, J A S Guillen, T Cren. Quasiparticle spectra of $2H – NbSe_2$： Two – band superconductivity and the role of tunneling selectivity[J]. Physical Review B,2015,92,134510.

[31] R Ganesh, G Baskaran, J V D Brink, et al. Theoretical Prediction of a Time – Reversal Broken Chiral Superconducting Phase Driven by Electronic Correlations in a Single Layer $TiSe_2$[J]. Physical Review Letters,2014,113,177001.

[32] Z Fei, B Huang, P Malinowski, et al. Two – dimensional itinerant ferromagnetism in atomically thin $Fe_3 GeTe_2$[J]. Nature Materials,2018,17,778.

[33] H Kumar, N C Frey, L Dong, et al. Tunable magnetism and transport properties in nitride MXenes[J]. Acs Nano,2017,11,7648 – 7655.

[34]B Anasori, M R Lukatskaya, Y. Gogotsi,2D metal carbides and nitrides (MXenes) for energy storage[J]. Nature Reviews Materials,2017,2,16098.

[35] J H Yang, X M Zhou, X P Luo, et al. Type – II Multiferroic $Hf_2 VC_2 F_2$

MXene Monolayer with High Transition Temperature[J]. Applied Physics Letters,2016,109,203109.

[36] J J Zhang,L Lin,Y Zhang,et al. Type‐II Multiferroic $Hf_2VC_2F_2$ MXene Monolayer with High Transition Temperature[J]. Journal of the American Chemical Society,2018,140,9768.

[37] J Lei,A Kutana,B I Yakobson. Predicting stable phase monolayer Mo_2C (MXene),a superconductor with chemically‐tunable critical temperature[J]. Journal of Materials Chemistry C,2017,5,3438.

[38] Z U D Babar,M S Anwar,M Mumtaz,et al. Peculiar magnetic behaviour and Meissner effect in two‐dimensional layered Nb_2C MXene[J]. 2D Materials,2020,7.

第7章 几种特殊结构过渡
金属化合物的电子结构研究

7.1 引　言

寻找新型高性能超导材料和研究超导体的配对机制一直是超导研究的两大核心问题。超导体按照配对机制大体分为常规超导体和非常规超导体两类：常规超导体的配对可由 BCS 理论成功解释，在 BCS 理论中，电子通过声子作为媒介发生配对；而对于铜氧化物为代表的非常规超导体而言，一般认为电子关联效应引发了高超导转变温度和各种奇特现象（如赝能隙等）。一种新的超导材料被发现，判别其配对机制是一个首当其冲的基本问题，它关系到这一类新材料后续的研究方向。如铁基超导体发现之初，电声耦合计算就判别出它实际上是非常规超导体，为此后研究起了重要的指导作用。发现铁基超导体的同时，另一类与铁基超导体同种晶体结构和相近晶格常数的 3d 轨道化合物镍基超导体也相继被发现并引起广泛关注。研究镍基超导体的电子结构和配对机制，一方面，人们可以理解这一类新型超导体的实验现象和配对机制，期望得到更好的高性能材料；另一方面，人们通过它们同铁基超导体超导电性的比较，能更好地去理解铁基超导体配对机制。最近，一系列新型超导体被相继发现，对于它们的配对机制，虽然实验上已有许多结论，但仍有争议。因此，本章针对其中几种具有特殊晶体结构的超导体或化合物，从第一性原理角度研究其电子结构，为该类材料的研究提供一定的思路。

$La_{0.5-x}Na_{0.5+x}Fe_2As_2$ 便是一类具有特殊的铁基超导体。不同于广泛研究的 122 体系铁基超导 $AeFe_2As_2$，它用三价 La^{3+} 与一价碱金属单价离子 A^+（A＝Na，K，Rb，CS）的组合代替了 Ae^{2+}。与其他铁基超导体相比，$La_{0.5-x}Na_{0.5+x}Fe_2As_2$ 可以实现通过改变 x 得到不同的空穴-电子掺杂，更好地比较载流子掺杂对超导电性的影响，构建详细相图。实验发现在 $0.15 \leqslant x \leqslant 0.35$ 处出现了超导，最大的超导转

变发生在 $x=0.3$ 时,超导转变温度为 27.0 K。因此,对这种材料进行理论研究是有意义的,特别是通过改变 La 和 Na 的组成化学配比实现电子空穴不对称性,进而研究其对电子结构和自旋磁化率的影响。

同时,为了寻找新的非常规超导材料,目前已制备出了一系列结构与铁基超导类似但不含 Fe 的过渡金属化合物。研究它们与铁基超导体电子结构的异同,对于揭示铁基超导机理具有非常重要的意义。比如实验成功合成了跟"122"族铁基超导体晶格相似的 $TlNi_2Se_2/S_2$ 化合物并在二者中都发现了超导转变。另外比热和上临界场的测量发现 $TlNi_2Se_2$ 中存在有重费米子行为(在 $TlNi_2Se_2$ 中为 $m_*=14$ $m_b\sim 20\ m_b$)。实验上还观测到电子比热系数 $\gamma_N(H)$ 和 $H^{1/2}$ 成正比的行为,这种行为通常在铜氧 d 波超导体中看到。因此可以认为 $TlNi_2Se_2/S_2$ 可能是沟通铜氧高温超导体、铁基超导体和传统的重费米子超导体的一座桥梁。它特殊的结构和性质值得深入研究。

又比如 ThNiAsN 与"1111"体系铁砷化合物结构相同,并且实验发现未掺杂时,它具有 4.3 K 的超导转变温度。实验还发现它具有镍砷超导体中最高的上临界和正常态索末菲系数。研究 ThNiAsN 的电子结构与电声耦合作用,揭示其与'1111'体系铁砷超导体的异同,对于镍砷超导体的相关研究具有重要意义。跟 ThNiAsN 相同晶体结构的 ThFeAsN 铁砷超导体的相关研究也具有重要意义。它具有跟 LaFeAsO 相似的晶格结构和非常相近的晶格参数,但它与之前的"1111"体系铁基超导体具有很大的区别,实验发现它在没有电子和空穴掺杂下就发生了 30 K 的超导转变。研究 ThFeAsN 的电子结构和磁学性质并且与 LaFeAsO 的电子结构和磁学性质进行对比,对于理解它及 LaFeAsO 超导配对机制都具有重要意义。

7.2　$La_{0.5-x}Na_{0.5+x}Fe_2As_2$ 中化学配比对费米面嵌套性质的影响

7.2.1　$La_{0.5-x}Na_{0.5+x}Fe_2As_2$ 晶体结构

铁基超导体的发现激起了人们对高温超导性能的研究,它是继铜氧化合物超导体后的又一个庞大的家族,其中超导可通过掺杂空穴或电子来实现。如在研究母体 $BaFe_2As_2$ 化合物时的表现出一定的绝缘性和磁性,而超导性可以通过掺杂 K 原子来实现。更进一步,研究发现如果在 FeAs 层中掺入更多的 K 离子,配对对称性有可能从没有节点的 s± 波变为有节点的 d 波。之后发现的一种化合物 $La_{0.5-x}$

$Na_{0.5+x}Fe_2As_2$ 为铁基超导体的研究提供了新的思路,因为根据化学配比,$La_{0.5-x}$ $Na_{0.5+x}Fe_2As_2$ 含有三价 La^{3+} 与单价 Na^+ 结合而不是 Ae^{2+}($Ae=Ca,Sr,Eu,Ba$) 和碱金属一价离子 A^+($A=Na,K,Rb,Cs$),所以与"122"族其他化合物相比, $La_{0.5-x}Na_{0.5+x}Fe_2As_2$ 材料提供了一个全新的研究平台。它的最大特点是可以通过 改变 La 与 Na 的不同配比,能够实现对称性的电子掺杂和空穴掺杂,从而得到超 导随着不同载流子类型的相图。相图显示空穴掺杂 x 为正时,超导转变温度增大, 到 $x=0.3$ 时为最佳掺杂,对应超导转变温度最大;而电子掺杂抑制了超导转变温 度。基于此,我们研究了不同 La、Na 化学配比对电子结构和费米面嵌套性质的影 响。利用第一性原理和虚晶近似得到了不同化学配比下的的电子结构,并在此基 础上利用 Linhard 函数研究了费米面嵌套性质。

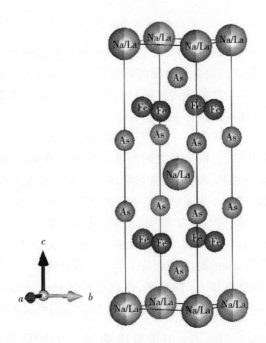

图 7-1　$La_{0.5-x}Na_{0.5+x}Fe_2As_2$ 具有 I4/mmm 空间群结构的原胞

$La_{0.5-x}Na_{0.5+x}Fe_2As_2$ 材料的结构也属于 122 体系,如图 7-1 所示,这种材料 的结构属于四方晶系,As 和 Fe 构成的四面体组成基本结构单元,而 La^{3+} 和 Na^{1+} 掺杂在 As 和 Fe 组成的层状结构中间以此来形成稳定的结构。所以此次研究的目 的是查明 $La_{0.5-x}Na_{0.5+x}Fe_2As_2$ 材料掺杂对材料的结构的影响,从而查清什么掺杂 才会使材料的超导性最好,即明白最优掺杂。虽然对 $La_{0.5-x}Na_{0.5+x}Fe_2As_2$ 材料掺 杂的研究方式有很多,如在 Fe-As 组成的层状结构中掺杂 O 或 F 和用其他元素

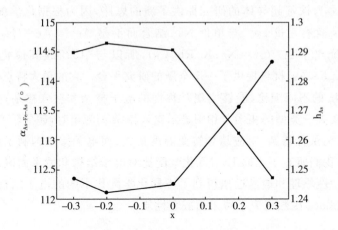

图 7-2　As—Fe—As 键角和 As 原子高度随着掺杂原子的比例的变化

来替代 Fe(如 Ni)。但只改变掺杂原子的比例而不改变这种材料的层状结构是最简单的研究方式,这种方式也是最方便的研究方式,这对研究过程的要求减少了许多。正是这种简单的掺杂都能改变这种材料的性质,间接地表明了这种家族的庞大和我们对铁基超导体的研究程度远远不够。

　　这次研究首先讨论不同的 x 值对晶格参数的影响(图 7-2)。随着 La^{3+} 和 Na^{1+} 掺杂的比例不同,As^{3+} 和 Fe^{3+} 之间的键角会发生改变,不同的 x 值对应的键角也不同:当键角减小时 Fe 和 As 之间的距离变大即 c 轴被拉长;同理当键角增大时 Fe 和 As 之间的距离变小即 c 轴被缩短。例如当 $x=0.3$ 和 $x=-0.3$ 时对应的键角会发生改变。这是因为随着 x 的减少,更多的 La 原子掺入至 $La_{0.5-x}Na_{0.5+x}Fe_2As_2$ 材料中即相当于电子掺杂,由此会产生压力导致 c 轴缩短。由此在图 7-2 中看出 As 的高度是也从 1.287Å 缩短到 1.247Å。综上所述,x 值影响了晶格结构包括键角和 As 的高度,由此可推测对电子结构也会产生相应影响,进而对 $La_{0.5-x}Na_{0.5+x}Fe_2As_2$ 材料的超导电性的强弱有很大的关联。

7.2.2　$La_{0.5-x}Na_{0.5+x}Fe_2As_2$ 中没有掺杂($x=0$)的研究结果

　　在研究 $La_{0.5-x}Na_{0.5+x}Fe_2As_2$ 材料时需要控制 x 的值,因为 x 的值会影响晶格的结构从而影响费米面和能带结构。在最初的研究中我们取 $x=0$,即没有电子或空穴掺杂发生的情况,对 $La_{0.5-x}Na_{0.5+x}Fe_2As_2$ 材料进行 DFT 计算得出能带结构对态密度的投影和费米面,如图 7-3 所示。在图中我们发现从 -2.4 eV 到 3.0 eV 围绕着费米能级附近主要是 Fe 元素的 3d 轨道起主要作用,在图中通过 PDOS 显示主要由 Fe 的 3d 轨道中的 d_{xz}/d_{yz} 和 $d_{x^2-y^2}$ 提供电子态密度的主要贡献。图 7-3(b)显示了 $La_{0.5}Na_{0.5}Fe_2As_2$ 布里渊区的费米面,在图中可发现 5 个能带穿过费米能级形成了 5 个不连续的费米面,其中心是三个同心的柱体,最里面的两个是标准的圆柱,而外面的表面发生翘曲,最外面是两个不连贯的曲面。费米面和其他铁基超导体的拓扑结构十分相似,如跟 $BaFe_2As_2$ 相比,除了外层包裹的费米面外,在布里渊区的中间的三个空穴口袋都是准二维的。即 $La_{0.5-x}Na_{0.5+x}Fe_2As_2$ 材料与 $BaFe_2As_2$ 的磁性和电子结构十分相似,而 $BaFe_2As_2$ 又是典型的"122"体系,所以 $La_{0.5-x}Na_{0.5+x}Fe_2As_2$ 材料也属于"122"体系,这更加充分地验证了之前的论述。

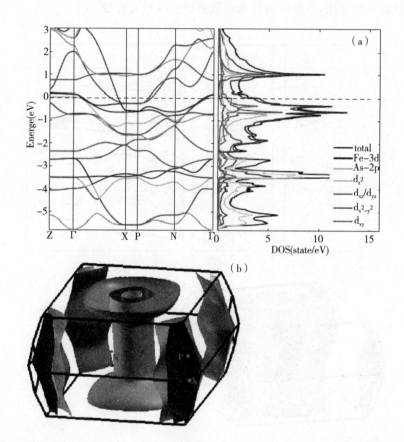

图 7 - 3　(a) $La_{0.5-x}Na_{0.5+x}Fe_2As_2$ 材料当 $x=0$ 时的能带和态密度;(b)此种化学配比下的费米面

7.2.3　$La_{0.5-x}Na_{0.5+x}Fe_2As_2$ 材料空穴掺杂($0<x\leqslant 0.5$)的研究

在对 $La_{0.5-x}Na_{0.5+x}Fe_2As_2$ 材料进行空穴掺杂的时候即取 $0<x\leqslant 0.5$ 时,在这种条件下的情况很多,在这不做太多讨论,我们以最优的空穴掺杂即 $x=0.3$ 的情况为代表来讨论所得结果。针对 $x=0.3$,我们既做了按照实验给出的结构的相关

计算,又做了晶格优化,最终结果基本相同。在这种情况下,计算得到能态密度和费米面如图 7-4 所示,与没有空穴掺杂的情况相比,态密度发生了较大变化但费米面没有发生巨大变化。图 7-4(a)Fe 的 3d 轨道发生了细微的变化,这正是由于空穴掺杂引起的。此时,因为有 5 条能带穿过费米能级,所以在布里渊区中形成了 5 个不连续的曲面,最里面的圆柱消失而翘曲的圆柱面又变得不翘曲,更加趋向于立体圆柱,并且形成了更大的空穴口袋。对比两个图的费米面,最大的区别是 z 点的电子口袋有所变化,但总体的费米面嵌套结构并没有改变。

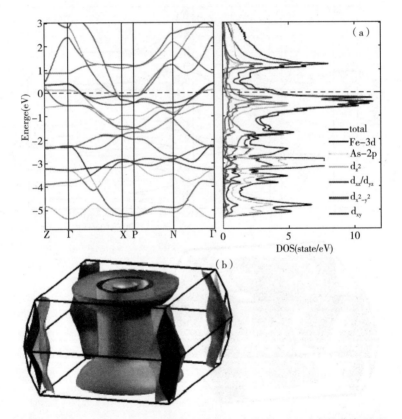

图 7-4 $La_{0.5-x}Na_{0.5+x}Fe_2As_2$ 空穴掺杂下的态密度(a)和对应的费米面(b)

7.2.4 $La_{0.5-x}Na_{0.5+x}Fe_2As_2$ 材料电子掺杂($-0.5 \leqslant x < 0$)的研究

众所周知,在铁基超导体的"1111"家族中超导电性大多数是由电子掺杂引起的,比如部分把 O 替换成 F,把稀土元素替换成 Th,或者形成氧空位。而在"122"族铁基超导体中大部分的超导电性是由于空穴掺杂引起的,如在 $BaFe_2As_2$ 中把部分 Ba 替换成 K。但还没有通过 A 位的电子掺杂来实现超导,如把部分 Ba 替换成

La。$La_{0.5-x}Na_{0.5+x}Fe_2As_2$晶体结构和化学配比的特殊性为"122"族铁基超导体相关性质研究提供了一个良好的平台。作为对比,我们研究了电子掺杂的情况,得到的态密度和费米面如图 7-5 所示。在电子掺杂中,我们只做了最优掺杂的相对情况,即 $x=-0.3$,在图 7-5(a)发现能带结构发生了巨大的变化,特别是 $N—\Gamma$ 和 $Z—\Gamma$ 之间,同时从电子态密度的图像中看出 d_{xz}/d_{yz} 和 $d_{x^2-y^2}$ 是变化最为突出。图 7-5(b)显示了对应的费米面结构,很明显,在 Z 点的附近有三个具有明显立体形状的椭圆形口袋,两个电子口袋还是位于布里渊区的拐角处,其中一个费米口袋保持二维性而另一个明显具有三维性。

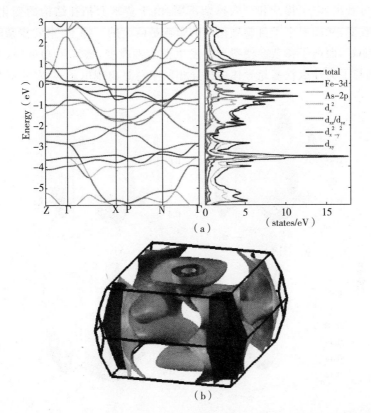

（a）

（b）

图 7-5　$La_{0.5-x}Na_{0.5+x}Fe_2As_2$电子掺杂的能带和态密度(a)及对应的费米面(b)

7.2.5　$La_{0.5-x}Na_{0.5+x}Fe_2As_2$不同化学配比对费米面嵌套性质的影响

　　虽然上述结果从费米面和态密度两个方面显示了掺杂对电子结构的影响,但仍然不够直观,为了进一步了解掺杂对费米面嵌套结构的影响,我们计算了不同掺杂的 Linhard 函数。发现虽然空穴掺杂使得费米面发生了一定改变,但总体看还

是具有 $Q=(\pi,\pi)$ 嵌套结构(对应于在含一个铁原子元胞中 $(\pi,0)$ 嵌套)。图 7-6 (a)、(c)分别为 $x=0$ 时的 $k_z=0$ 和 $k_z=\pi$ 的 Linhard 函数;(b)、(d)分别为 $x=0.3$ 时的 $k_z=0$ 和 $k_z=\pi$ 的 Linhart 函数。为了更好地研究微观嵌套结构,由此利用软件在微观上对布里渊区内的自旋磁化率作图。图 7-6(a)中为没有掺杂的情况,在点 $Q(\pi,\pi)$ 的周围有强且宽的峰,这对应了图 7-1 中的电子口袋和空穴口袋之间的嵌套性质。图 7-6(b)中为空穴掺杂的情况,从图中可以看出 Q 点的周围仍然有突出的峰。在做电子掺杂时把 $La_{0.5-x}Na_{0.5+x}Fe_2As_2$ 材料当作"122"体系铁基超导体来研究,因此分别做了 $k_z=\pi$(c)和 $k_z=\pi$(d)平面中费米面的 Lindhard 函数。从两张图可看出,电子掺杂和空穴掺杂不同,由于费米面拓扑结构的变化,嵌套性质也发生改变,从而对电子自旋磁化率的影响是巨大的。综上,空穴掺杂时费米面嵌套结构变好,而电子掺杂会使费米面发生根本性改变,破坏了 $Q=(\pi,0)$ 嵌套性质,从而解释了为什么铁基超导体中超导相图中总是出现电子-空穴的不对称性。

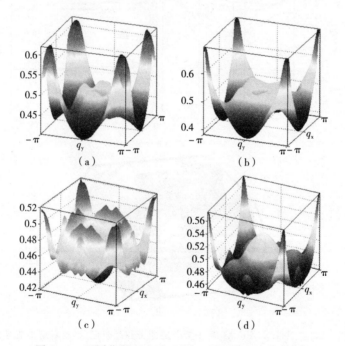

图 7-6　不同化学配比下,不同 k_z 平面的 Linhard 函数

7.2.6　结果与分析

综上所述,我们对新型化合物 $La_{0.5-x}Na_{0.5+x}Fe_2As_2$ 材料进行了第一性原理的研究,得到了该材料的态密度、自旋磁化率、能带和费米面。在对这些研究结果进

行分析时得到如下结论：

(1)$La_{0.5-x}Na_{0.5+x}Fe_2As_2$ 材料的掺杂会影响晶胞的结构和 As—Fe—As 的键角，由于引入的掺杂不同即所产生的化学压力，导致键角的减小或增大，由此晶胞的结构会发生改变，宏观现象表现为晶体的细微收缩或膨胀。

(2)在对 $La_{0.5-x}Na_{0.5+x}Fe_2As_2$ 材料没有掺杂（$x=0$）研究时，电子结构跟 $BaFe_2As_2$ 比较相似，这为 $La_{0.5-x}Na_{0.5+x}Fe_2As_2$ 材料隶属于"122"体系铁基超导体的判断提供了论据。

(3)电子掺杂和空穴掺杂做比较，电子掺杂会使费米面发生根本性改变，破坏了 $Q=(\pi,0)$ 嵌套性质，从而解释了为什么铁基超导体中超导相图中总是出现电子-空穴的不对称性。

通过研究 $La_{0.5-x}Na_{0.5+x}Fe_2As_2$ 材料的掺杂会对我们寻找更高 T_c 的材料提供巨大的帮助，还能使我们明白铁基超导体家族的超导特性和与铜基超导体的差别。但仍有很多地方值得研究，如可以通过掺杂到 Fe-As 的层状结构中来研究超导特性，也可以掺杂氧来研究。总之 $La_{0.5-x}Na_{0.5+x}Fe_2As_2$ 材料的研究会为超导材料的研究打开一扇新的大门。

7.3　$TlNi_2Se_2/S_2$ 的电子结构的计算

基于实验方面的有趣现象，我们用密度泛函理论来计算这一类新型的镍基超导体。$TlNi_2Se_2/S_2$ 的晶格结构如图 7-7 所示，它具有 I4/mmm 的点群对称性，和"122"铁基超导体 KFe_2Se_2 具有相同的结构。它只有一个内坐标 $z_{Se/S}$。密度泛函的计算由 Quantum ESPRESSO 软件包来完成。我们选取了超软赝势（ultrasoft pseudopotentials），而关联能的处理使用 PBE 的广义梯度近似（GGA）。为了更好地得到能量低的状态，也为了后面的电声子计算，我们对晶体结构进行了全局优化，包括晶格常数和内坐标。$TlNi_2Se_2$（$TlNi_2S_2$）的晶体结构优化的结果为：$a=3.895A—$（$3.808A—$），$c=13.64A—$（$12.903A—$），$z_{Se}(z_S)$ $=0.3503(0.3425)$，都和实验的结果符合地较好。经过收敛测试，平面波的截断能选为 60Ry，自洽计算过程的动量 k 的网格点为 $12\times12\times12$ 的分布态密度和费米面等非自洽的计算用了更密的 k 点

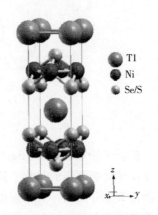

图 7-7　$TlNi_2Se_2/S_2$ 晶体示意图

以保证结果的准确性。

DFT 计算的结果显示这两种材料有着相似的电子性质。图 7-8 显示了这两种材料的态密度和分轨道态密度。从图中可以看出，Ni 的 3d 轨道在费米面附近（$-3.0 \sim 1$ eV）起了主要贡献。Se 的 4p 轨道和 S 的 3p 轨道的贡献都在 -3 eV 以下。值得注意的是，KNi_2Se_2 相关的密度泛函计算在文献[20]提到，在费米面附近，Se 的 4p 轨道和 Ni 局域的 3d 轨道杂化可能导致了在 KNi_2Se_2 出现重费米子态。

我们也可以从图 7-8 中看到这种杂化效应，即在费米能级附近 Se-4p 轨道和 S-3p 轨道也有部分贡献。所以我们认为这可能是这类超导材料的共有特征。我们也可以将态密度投影到 Ni 的 5 个 d 轨道上去得到分轨道态密度（PDOS），如图 7-8(c)、(d)所示。结果显示 Ni 的 5 个 d 轨道对态密度的贡献基本相同，和实验发现系统多带效应比较强相符合。此类超导体分轨道态密度和铁基超导体有着明显的区别。在铁基超导体中，一般认为三个 t_{2g} 轨道的贡献最大，另外两个贡献较小。

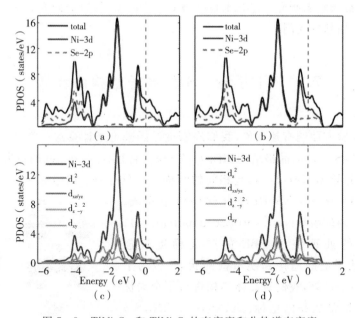

图 7-8 $TlNi_2Se_2$ 和 $TlNi_2S_2$ 的态密度和分轨道态密度

我们还计算了 $TlNi_2Se_2/S_2$ 费米面，如图 7-9 所示。明显看出费米面三维性很强并且具有复杂的结构。这可能是由 Ni 的 d_{z2} 轨道的贡献以及和 Se-4p/S-3p 的杂化效应导致的。费米面的具体结构可分为四个部分：四个小的电子型的费米口袋包围在布里渊区的边界；一个二维性比较强的柱状的电子型费米口袋围绕着布里渊区的中心；两个复杂不连续的口袋围环绕着 $\Gamma-Z$ 并且围着布里渊区的边界中心位置。总的来说,$TlNi_2Se_2/S_2$ 的费米面都要大于 KNi_2Se_2/S_2 的费米面,这是因为这种体系中费米面大都是电子型的并且 $TlNi_2Se_2/S_2$ 中有更多的电子填充 NiCh 层。边角的电子型费米口袋跟 KFe_2Se_2/S_2 比较相近,但总体跟铁基超导体电子结构相差巨大。由于 $TlNi_2Se_2/S_2$ 费米面结构复杂,嵌套性质(nesting)较差,并且超导转变温度较低,所以我们设想它们可能是电声子机制的传统超导体。要想验证这一观点,一个方法就是研究体系的声子性质以及电声耦合常数。比如对于 $LaFeAsO_{1-x}F_x$,密度泛函计算得到的电声子耦合常数为 0.21,对应的 $T_c = 0.8K$,远远小于超导转变温度。而在 MgB_2 中,通过第一性计算得到的电声子耦合常数很大 0.87,证明它是一个常规的超导体。

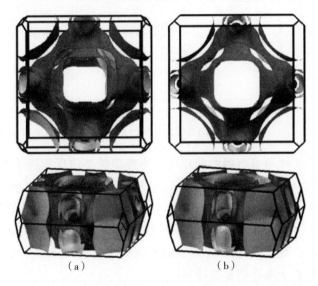

(a)   (b)

图 7 - 9   不同视角看到的 $TlNi_2Se_2$ 和 $TlNi_2S_2$ 的费米面

我们在这里使用线性响应的办法,利用 Quantum Espresso 中 PHonon 模块来计算声子谱和电声耦合。在计算过程中,由于构造动力学矩阵要用到更密的 k 点,我们选取了更密集的网格点 $36 \times 36 \times 36$ 来进行电声耦合中的第二步自洽计算。除此以外,我们选取 $4 \times 4 \times 4$ 的 q 点网格。我们得到的 $TlNi_2Se_2$ 和 $TlNi_2S_2$ 的声子谱和电声子耦合信息基本上差不多。为了叙述更方便,我们只给出 $TlNi_2Se_2$ 的结果。计算得到的 $TlNi_2Se_2$ 声子谱如图 7 - 10 所示。结合计算的结果我们可以得到以下几点信息:首先是声子谱包含有 15 支声子带,其中最高的一支达到 230 cm^{-1}。其次声子谱较明显地分为两部分,其中 150 cm^{-1} 以上主要由 Ni 原子振动和 Se 原子振动贡献,而在 150 cm^{-1} 以下则有 Tl、Ni、As 三种原子的贡献。最后,从图 7 - 10 声子支看到,在 X 点附近有近似等于 27 cm^{-1} 的虚频声子。这种声子

"软化"可能和布里渊区顶角附近四个二维性比较好的费米口袋的嵌套有关。它还说明体系易形成电荷密度波序。联系在 KNi_2Se_2 中,实验测得体系不稳定在高温下形成电荷密度波序。我们推断,$TlNi_2Se_2$ 和 KNi_2Se_2 体系很相似,容易形成电荷密度波序,而这种电荷密度波序导致了传导电子和局域电子的耦合,在低温时形成了重费米态。这可能是实验在 $TlNi_2Se_2$ 中发现重费米行为的原因。

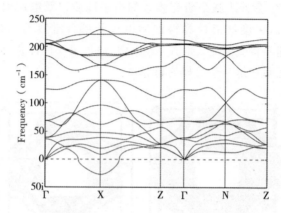

图 7 - 10   利用密度泛函线性响应方法得到的 $TlNi_2Se_2$ 的声子谱

我们还计算了体系电声耦合的作用。不考虑微小的虚频声子支的影响,我们计算得到 $TlNi_2Se_2$ 中电声耦合常数为 $\lambda_{ph}=0.93$。带入 Allen - Dynes 公式中并且取 $\mu^*=0.12$ 和 $\omega_{log}=101.65$,我们得到 $T_c=5.65K$,跟实验测得的超导转变温度 3.7 K 很接近。因此 $TlNi_2Se_2$ 和 $TlNi_2S_2$ 很可能是电声耦合机制导致的传统超导体。为了验证这一观点,我们在下一步的研究中将对 KNi_2Se_2 和 KNi_2S_2 两个镍基超导体做进一步关于电声耦合的计算。

本小节中,我们主要研究了镍基超导体 $TlNi_2Se_2/S_2$ 的电子性质。结果显示 Ni 的 5 个 d 轨道都对费米能级电子性质起着重要贡献。5 个 d 轨道形成了三维性比较强的费米面结构。态密度显示局域的 d 电子和 Se/S 中 p 电子杂化使得体系成为重费米子超导体,与之前 KNi_2Se_2/S_2 相似。我们还对 $TlNi_2Se_2$ 进行了声子谱和电声耦合的计算。声子谱显示在 X 点附近有 $\sim27cm^{-1}$ 的虚频声子,这可能意味着 $TlNi_2Se_2$ 会形成电荷密度波序。我们最终得到 $TlNi_2Se_2$ 中电声耦合常数为 $\lambda_{ph}=0.93$,对应 $T_c=5.65$ K。因此我们认为 $TlNi_2Se_2/S_2$ 很可能是电声子机制诱导的常规超导体。但得到的结论还不够完善,需要进一步的验证和研究。

镍基超导体特别是新发现的 $A(A=Tl,K)Ni_2Se_2/S_2$ 类化合物还有很多问题值得探索和研究。尽管目前实验上做了大量的工作,但目前对于 ANi_2Se_2/S_2 超导体的理论研究还相对较少。之后预计在下面几个方面继续研究。

首先,研究新型超导体的物理性质需要确定其能带和费米面等信息,需要借助于第一性原理计算这一有效工具。通过电子结构的计算,我们将试图从电子结构的角度上解释重费米子行为和电荷密度波序。声子谱和电声耦合计算则用来验证电声耦合对超导的贡献,但对于 ANi_2Se_2/S_2 超导体,尽管实验上存有很大的争议,但目前还没有理论方面的论证,因而有必要进行电声子耦合计算来研究其超导机制,我们考虑晶格振动的影响,得到动力学矩阵,进而计算得到 ANi_2Se_2/S_2 声子谱和电声耦合。通过该类材料电声耦合的综合分析,能回答其是否为电声子机制的 BCS 超导体这一基本问题。

其次,如果 ANi_2Se_2/S_2 真的是电声子机制的 BCS 超导体(综合低温热导实验和我们前期的理论工作结果),那么会产生一个疑问:为什么 Ni 和 Fe 元素如此相近,而结构相同(包括晶体结构和晶格常数)的 ANi_2Se_2/S_2 与 AFe_2Se_2 的超导电性却如此迥异? 从 3d 轨道电子浓度考虑,铁基超导体中一般 3d 浓度电子浓度为 6~7,镍基硫族化合物中更多的电子占据到 3d 轨道上,如 KNi_2Se_2 的 3d 轨道电子浓度为 8.5。最近实验证明铁基超导体的电子的掺入或会压制其中电子关联效应,沿着这个思路,改变镍基硫族超导体中 3d 轨道的电子即对其进行掺杂将是一个非常有意义的方向。我们拟研究 A 元素空位、Ni 空位造成的空穴掺杂和 S 对 Se 的替换效应这些掺杂对体系电子结构或者说费米面嵌套结构的影响,而通过不同掺杂下电声耦合的计算得到电子浓度对电声耦合的影响,进而探讨 3d 轨道电子浓度对超导电性的影响机制。

我们期望通过上述研究得到 ANi_2Se_2/S_2 超导材料系统性的结果,借以回答镍基硫族化合物超导体的配对机制这一基本问题,进而帮助理解铁基超导体的配对机制。

7.4　ThNiAsN 和 ThFeAsN 的电子结构研究

7.4.1　ThNiAsN 的电子结构及电声耦合计算

为了寻找新的非常规超导材料和研究铁基超导体的配对机理,研究相似结构的其他过渡金属超导体具有重要的意义。比如 ThNiAsN 与"1111"体系铁砷超导体结构相同,并且未掺杂时具有 4.3 K 的超导转变温度。实验还发现它具有镍砷超导体中最高的上临界和正常态索末菲系数。目前还缺乏对这一超导材料的理论研究工作,因此,我们通过第一性原理对 ThNiAsN 的电子结构包括其能带、费米面、态密度等信息进行了研究。为了验证它是传统的电声耦合机制的超导体,我们利用密度泛函微扰理论研究它的声子性质和电声耦合。

ThNiAsN 为 P4/nmm 空间群的晶体结构,如图 7-11 所示。在实验结构参数的基础上,我们对 ThNiAsN 的晶体结构进行了全面优化,直到力量和总能量收敛。最后得到的晶格参数分别为 $a=4.11$ Å 和 $c=8.04$Å,这与实验值 $a=4.08$ Å 和 $c=7.99$ Å 非常接近。所有计算均通过 Quantum ESPRESSO 软件使用平面波赝势执行。我们选取了超软赝势来描述离子与电子之间的相互作用以及广义梯度近似的方法来考虑交换相关能。在密度泛函微扰理论框架内计算晶格动力学和电子-声子耦合的计算。经过收敛测试之后,选择 55 Ry 波函数截止能量和 550 Ry 电荷密度截止能量。采用 $12\times12\times6$ 的 k 点网格对不可约布里渊区域进行相关计算,采用了更密集的 $36\times36\times18$ 的 k 点网格计算态密度与费米面。电声耦合矩阵则是在 $4\times4\times2$ 的 q 点网格上算出的。

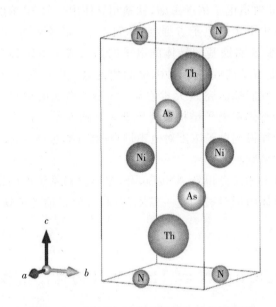

图 7-11 ThNiAsN 的元胞晶体结构示意图

为了研究费米能级附近的轨道特征,我们把计算出的总电子态密度和投影电子态密度绘制在图 7-12 中。我们发现 Ni 的 3d 态在费米能级附近从 -3.0 到 $+1.7$ eV 占主导地位。图 7-12 中的分轨道投影态密度表明 5 个 Ni 的 3d 轨道几乎被填满,且五个轨道对费米能量的贡献几乎相等。此外,As 的 4p 和 N 的 2p 态分别主要集中在 -3.0eV 和 -1.0eV。值得一提的是它们的主要贡献都是在费米能级以下。我们注意到,由于 4p 也有助于费米能级附近的电子态密度,这表明与 Ni 的 3d 轨道有着较强的杂化耦合。这种行为在 $KNi_2Se(S)_2$ 和 $TlNi_2Se(S)_2$ 中这被认为与混合价重费密子超导态有关。

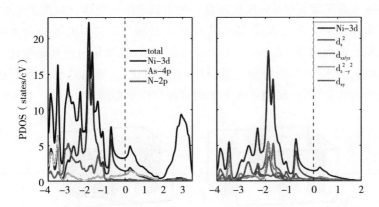

图 7-12　(a)不同原子的投影态密度；(b)Ni 原子的 3d 轨道分轨道投影态密度

在 ThNiAsN 中，由于更强的内部化学压力，As 和 Ni 的键能减少，这使得 As 和 Ni 原子之间的杂交超过了镍基硫族化合物超导体。此外，比热实验也表明，在镍磷族超导体中，ThNiAsN 具有最高的正态索末菲系数。众所周知，索末菲系数与费米能级处的电子态密度的大小成比例。我们还对其他两种镍磷族超导体进行了 DOS 计算，分别是 LaNiAsO 和 LaNiPO，它们与 ThNiAsN 具有相同的晶体结构。我们发现 ThNiAsN、LaNiAsO 和 LaNiPO 的费米能级的态密度值的比例约为 $1:0.94:0.83$。因此，可以认为 ThNiAsN 中的大索末菲 (γ_n) 可能与费米能级处的大的态密度有关(对应于费米能级处的尖峰)。

随后获得的 ThNiAsN 的能带结构与费米面分别如图 7-13、图 7-14 所示。

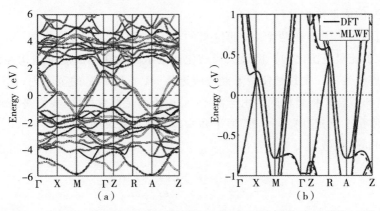

图 7-13　(a)通过 DFT 计算获得的带结构；(b)DFT 计算结果(实心黑线)和最大局域化瓦尼尔函数拟合结果(红色虚线)在费米能级 $-1\,\mathrm{eV}\sim+1\ \mathrm{eV}$ 的比较

最后计算出,在费米能级处有四个能带穿过,形成了四个不连续的费米面,多能带特性的存在也意味着 ThNiAsN 应该是一种多轨道的超导体。如图 7-14 所示,布里渊区拐角处有一个围绕 X 点的小孔状费米面和三个类似电子的费米面。这些费米面与其他镍基超导体相比,和 LaNiPO 很相似,尤其是与镍基硫族化合物超导体极为相似。ThNiAsN 的费米面更简单,更平面化(二维),这也许表明这种材料会有更优秀的嵌套结构,我们会在下面的结果讨论中提到。

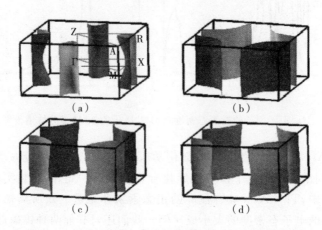

图 7-14 通过 DFT 计算得到的 ThNiAsN 的费米面

众所周知,费米面的拓扑结构在确定磁性排序和配对机制方面起着重要作用。与铁基超导体不同,镍磷族化合物超导体是顺磁性的,并且认为它是声子调制的超导体。另外,在镍基超导体中费米面嵌套性质研究具有一定的重要性。用某些原子来代替另外的原子来实现假想的理论结构。使用最大局域化瓦尼尔函数方法对ThNiAsN 的能带结构进行了拟合。

我们使用了中心在两个 Ni 的位点的 10 个瓦尼尔函数,构建在 -3.0 eV 至 $+2.0$ eV 的能量范围之内。由最大局域化瓦尼尔函数获得的能带结构在图 7-13(b)中由虚线表示。尤其是在费米能级附近从 -1.0 到 1eV 的范围内,瓦尼尔函数对能带结构拟合地相当精确。由于两个 Ni 原子满足群对称性,我们进一步展开布里渊区,使每个单元具有一个 Ni 原子并构建五轨道紧束缚模型。

Lindhard 函数可写为

$$\chi(q) = -\frac{1}{N}\sum_k \frac{f(\varepsilon_k - E_F) - f(\varepsilon_{k+q} - E_F)}{\varepsilon_k - \varepsilon_{k+q}}$$

其中,N 是总和中的 k 个点的数量,f 为费米-狄拉克分布函数,ε_k、ε_{k+q} 是通过哈密顿模型获得的特征值,E_F 是费米能级能量。

如图 7 - 15 所示，Lindhard 函数在未折叠布里渊区的$(0.5,0.5)\pi$点（包括对称图像）周围具有比较高的峰。峰值可归因于围绕 X 点的嵌套矢量 $\boldsymbol{q}_1$ 连接电子穴（图 7 - 15b）。众所周知，对于铁基超导体，Lindhard 函数总是在折叠和展开的布里渊区的相同的嵌套波矢量分别为$(\pi,\pi)(\pi,0)$处达到峰值，从而形成共线的反铁磁有序。与铁基超导体不同，ThNiAsN 的 Lindhard 函数表现出差的嵌套特性。其实，包括 ThNiAsN 在内，大多数镍基超导体都没有显示出明显反铁磁有序性，可能跟它们缺少好的费米面嵌套结构有关，可以由此猜测 ThNiAsN 属于常规超导体。

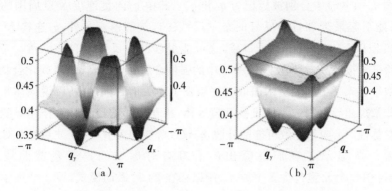

图 7 - 15　(a)电子占据数 n=7.93 时，k_z=0 平面的 Lindhard 函数；(b)电子占据数 n=6.18 时，k_z=0 平面 Lindhard 函数

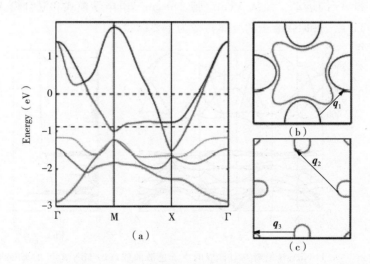

图 7 - 16　ThNiAsN 五轨道模型的能带结构和不同占据数下 k_z＝0 的费米面

考虑掺杂下费米面的演化，我们利用刚带近似进行了系统的计算，就可以发现掺杂会明显改善费米面嵌套性质。事实上，如果考虑到带的填充的话，可以进行假

设,然后分析论证。假设空穴掺杂将重现相似的费米面拓扑结构以诱导自旋排序和超导性是自然形成的,采用刚性带移动来模拟掺杂空穴的情况。考虑费米能量转移到 -0.88eV,对应于图 7-16(a)中的下面的虚线。在图 7-16(c)中示出了获得的 $k_z=0$ 的费米面。检查费米面后发现,在能带刚性改变后费米面结构仍然是二维的。在这种情况下,电子占据数 $n=6.18$,这与铁基超导体的电子占据数非常之接近[26,27]。如图 7-15(b)所示,Lindhard 函数现在在 (π,π) 和 $(\pi,0)$ 处都有一定峰值,(π,π) 处更明显,表明在这种情况下可能存在着明显的嵌套结构,对应的散射矢量在图 7-16(c)中分别被标记为 q_2 和 q_3。其中 q_2 向量连接 X 点周围的电子口袋,这可能引起最近邻自旋反号的奈尔反铁磁自旋涨落。另外,q_3 连接 M 点周围的电子口袋和 X 点周围的电子口袋,这可能引起共线反铁磁自旋涨落。考虑到以前的实验已经报道了掺杂在 LaNiAsO 中的强耦合超导电性,镍基磷族化合物中的空穴掺杂似乎引入了更好的费米面嵌套并增强了相关性的强度,所以说该体系可能成为新的非常规超导材料。类似于铁基超导体,相互排斥的磁性相互作用导致不同的配对的对称性。q_2 向量导致可能的 d 波,q_3 导致可能的无节点 s± 波对配对对称。

图 7-17 显示了我们计算出的沿着高对称线的声子色散曲线。由于 ThNiAsN 中一个元胞包含 8 个原子,所以存在 24 种振动模式,即 3 个声学分支和 21 个光学声子分支。在 $240\text{cm}^{-1}<\omega<340\text{cm}^{-1}$ 的范围内出现明显的频率间隙。在 LaNiPO 和 Li_2IrSi_3 中发现了类似的行为。检验振动模式,我们发现更高频率主要来自 N 和 As 的运动。而从 0 cm^{-1} 到 240 cm^{-1} 由声学模式和混合模式组成,但主要还是 Th 原子和 Ni 原子的金属特征为主要因素。

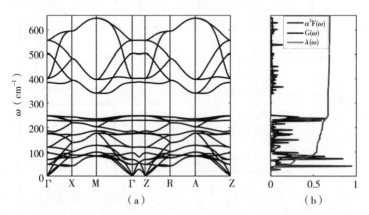

图 7-17 (a)ThNiAsN 沿着高对称线的声子色散曲线;(b)ThNiAsN 的 Eliashberg 谱函数 $\alpha^2\text{F}(\omega)$,声子 DOS $\text{G}(\omega)$ 和电声耦合常数 $\lambda(\omega)$

对于该材料,也研究了基于 BCS 理论的电子-声子耦合和相关超导电性的研究。如图 7-17 所示。电声耦合常数可以经由下面公式来计算

$$\lambda(\omega) = 2\int_0^\infty \frac{\alpha^2 F(\omega')}{\omega'} \mathrm{d}\omega'$$

计算后的 $\alpha^2 F(\omega)$ 和 $\lambda(\omega)$ 如图 7-17(b) 所示，Eliashberg 谱函数与频率间隙下的声子 DOS 具有基本相同的峰位置。从 $\lambda(\omega)$ 的曲线可以看出，对于具有强的面内 Ni 特性的低频金属模式，谱函数得到了增强。我们根据 Allen - Dynes 修正的 McMillan 方程估计 T_c。

$$T_c = \frac{\omega_{\log}}{1.2} \exp\left[-\frac{1.04(1+\lambda)}{\lambda - \mu^*(1+0.62\lambda)}\right]$$

其中，μ^* 是库仑赝势，设定为 μ^* 等于 0.1 的典型值，$\omega_{\log}$ 为对数平均声子频率是 120 K。带入上述参数，计算得到的电子-声子耦合常数 $\lambda = 0.67$，最终得到 $T_c \approx 3.5$ K，与实验值 $T_c = 4.3$ K 非常接近。因此可以认为 ThNiAsN 是一种声子介导的常规超导体。

综上，利用第一性原理，我们模拟计算了有关 ThNiAsN 的能带和电声耦合，发现该材料属于常规超导体。密度泛函计算显示它与其他的镍基砷族超导体有很大的相似之处。并且，电子态密度显示 As 的 4p 轨道与 Ni 的 3d 轨道之间有着很强的杂化，这就可能给 ThNiAsN 这种材料带来混合价重离子的超导行为电声耦合常数 $\lambda = 0.67$，超导转变温度估计为 3.5 K，所以才推断该材料为电子-声子超导体，与其他镍基砷族超导体相同。ThNiAsN 可以被看作是研究镍基砷族超导体潜在嵌套特性的模型之一，为了研究该系统中的微观量，使用最大局域化瓦尼尔函数的方法获得 Ni 的 3d 轨道的有效紧束缚模型。基于有效模型，研究了标称化学计量组成和空穴掺杂情况下的嵌套性质。对于名义上的掺杂，Lindhard 函数在(0.5, 0.5)π 点附近具有宽峰。对于空穴掺杂来说，Lindhard 函数在(π,π)和(π,0)点处达到峰值，对应于与电子穴连接的嵌套矢量。该材料的体系，或许会成为新型的超导材料。

在庞大的超导家族面前，我们也只是发现了冰山一角，对镍基超导的发现与研究更是寥寥无几。对于超导材料而言，虽然理论研究裹足不前，但超导材料依旧有很大的技术应用前景。相比于铁基超导，我们认为镍基超导材料的研究前景也是相当的广阔。

7.4.2　ThFeAsN 的电子和磁特性研究

2008 年，LaFeAsO 的发现带来了探寻和研究新型铁基超导材料的热潮，短短的几个月内就有大量的铁基超导体被相继发现。研究不同的铁基材料的电子结构和超导性质对于理解超导机制具有重要意义，特别是在有相似的晶体结构的铁基材料之间的比较对理解非常规超导体的超导机制有很大的帮助。最近浙江大学和南京大学的许祝安和曹广汉等人发现了新型的 ThFeAsN 铁砷超导体。它具有跟 LaFeAsO 相似的晶格结构和非常相近的晶格参数,但它与之前的"1111"体系铁基超导体具有很大的区别,实验发现它在没有电子和空穴掺杂下就发生了 30 K 的超导转变。研究 ThFeAsN 的电子结构和磁学性质并与 LaFeAsO 的电子结构和磁学性质进行对比,对于理解它及 LaFeAsO 超导配对机制都具有重要意义。

ThFeAsN 晶体是 P4/nmm 空间群,与之前讨论的 ThNiAsN 结构相同,只是先前的 Ni 原子被 Fe 原子替代,如图 7-18 所示,实验确定的晶格参数在表 7-1 中看出。与广泛研究的 LaFeAsO 比较,ThFeAsN 的晶格参数和 LaFeAsO 非常相似,具有几乎相同的 a 轴,并且 As 的高度只比 LaFeAsO 的短 1%。这就意味着 ThFeAsN 与 LaFeAsO 在电子结构上有很大的相似性,这是由于 Fe 原子处在几乎相同的 $FeAs_4$ 四面体晶体场中。

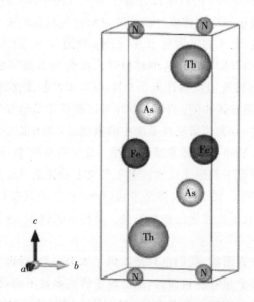

图 7-18　属于 P4/nmm 群的 ThFeAsN 的原胞结构

表 7-1　完全优化的晶格参数的计算结果

	a(Å)	c(Å)	z_{As}	ΔE(MeV)/Fe
Expt.	4.0367	8.5262	0.6531	59.9
PM	4.0351	8.4327	0.6415	0
FM	converge to PM			

（续表）

	a(Å)	c(Å)	z_{As}	ΔE(MeV)/Fe
AFM1	4.0509	8.5039	0.6461	−24.1
AFM2	4.0356(a) 4.0725(b)	8.5500	0.6497	−55.0

注：考虑磁基态的相对能量，AFM1 表示奈尔反铁磁态，AFM2 表示是条纹反铁磁态。

　　实验中基于密度泛函理论中 Quantum-ESPRESSO 模块，我们使用了平面波基组和 PAW 赝势，而用广义梯度近似来处理关联能。其中 Th 的赝势 PSlibrary 中由 Quantum-ESPRESSO 中相关程序生成。经过仔细的收敛测试，我们选取了平面波截断能量为 86 Ry 并且电荷密度截断能为 688 Ry 的区间。布里渊区在一个 $12 \times 12 \times 12$ k 点网格来表示进行自洽运算，$24 \times 24 \times 24k$ 点网格用来计算态密度和费米面等非自洽运算。

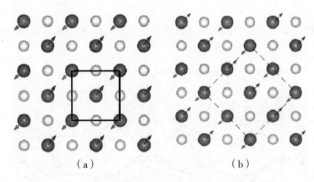

图 7-19　奈尔反铁磁序(a)和条纹反铁磁序(b)中的铁原子的自旋排布情况

　　现在介绍和讨论 DFT 的结果。为了得到 ThFeAsN 的磁基态，我们在计算过程中考虑了四种不同的磁结构：顺磁性、铁磁性和两个不同的反铁磁性序，包括奈尔反铁磁态和条纹反铁磁态。图 7-19 展示了在 Fe—Fe 层的反铁磁的 Fe 原子自旋排布情况。我们在计算条纹的反铁磁态时使用了 $\sqrt{2} \times \sqrt{2} \times 1$ 超晶胞结构。所有的晶体结构都是经过完全优化的，每一个原子的力小于 0.001 eV/°A，并且总压小于 0.5 kbar。完全优化的结构参数以及磁性态与顺磁态的总能量之差见表 7-1 所列。根据表中数据可以看出，铁磁态完全收敛于 PM。此外，条纹状反铁磁能量最低，大概比顺磁态能量低 55.9 MeV/Fe 每个 Fe 原子，对应磁矩是 2.0 μ_B/Fe。因此在密度泛函原理的角度看来，ThFeAsN 的条纹反铁磁序能量最低最稳定，这跟之前其他的"1111"铁基超导体如 LaFeAsO 一样，计算得到的磁矩为 2.0 μ_B/Fe，也很接近 LaFeAsO 的值。但之前的实验结果并没有探测到体系存有磁性涨落,这跟其他"1111"体系中的其他超导体明显不同,值得进一步的讨论。一个很有趣的类比就是 $LaFeAsO_{1-x}F_x$ 中,核磁共振的实验表明在 $x=0.1$ 的时候自旋涨落明显减弱,而在 $x=0.15$ 的时候完全消失。

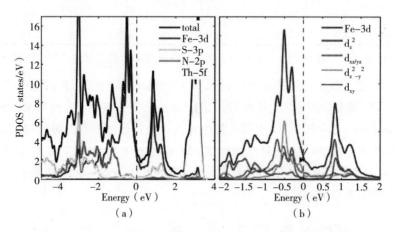

图 7-20　(a)非磁性态下计算得到的原子轨道态密度,(b)Fe 原子在非磁性态的分轨道态密度

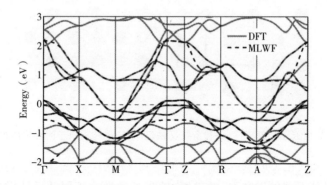

图 7-21　分别用密度泛函和最大局域化瓦尼尔函数方法计算得到的能带结构

在铁基超导材料中,费米能级附近的电子结构对磷族元素(或硫族元素)的高度非常敏感,所以我们以实验的晶格参数来计算电子结构,这也是其他铁基超导材料密度泛函计算常用的方法。计算得到的非磁性状态下的电子态密度如图 7-20 所示。从图 7-20(a)中明显看出 Fe 的 3d 轨道对费米能级附近的-2.0 eV 到 2.2 eV 态密度起主要贡献,而 As 的 3p 和 N 的 2p 轨道主要占据在低于费米能级的-2.0 eV 的位置。投影到 5 个 Fe 的 3d 轨道上的态密度如图 7-20(b)所示。在费米能级处,d_{xz}/d_{yz} 和 $d_{x^2-y^2}$(x、y、z 指的是晶胞轴)占主要的贡献,这和其他的铁基材料很相似。仔细之前用密度泛函理论研究的 LaFeAsO 的结果比较,我们发现

ThFeAsN 和 LaFeAsO 的主要区别是 $d_{x^2-y^2}$ 的态密度峰的位置,如图 7-20(b)中箭头所指的峰值。这一峰值在 LaFeAsO 中位于费米能级的上面,但是现在转移到了低于费米能级 -0.1 eV 处,这是因为更多的电子填充到了 $d_{x^2-y^2}$ 中,这个转移也会导致了费米能级处电子态密度的具体数值的减少,表现在 LaFeAsO 的 2.62 eV^{-1} 到 ThFeAsN 的 2.32 eV^{-1}。

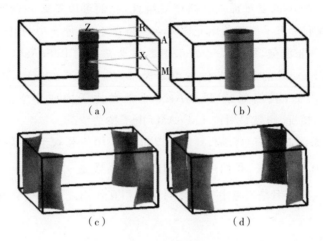

图 7-22　通过密度泛函计算得到的 ThFeAsN 的费米面

　　计算得到的 ThFeAsN 能带结构和费米面分别如图 7-21 和图 7-22 所示,从能带图 7-21 可明显看出,有四条能带穿过了费米能级,形成了四个断开的费米面结构,这与其他的铁基超导材料有很大的相似性。与之前广泛研究的 LaFeAsO 相比,ThFeAsN 在 Z 点附近缺少了一个内嵌套的空穴口袋,如图 7-22 所示,一条平带直接降低到费米面以下,我们仔细的检查了这个带的主要轨道特征,发现在 Γ 和 Z 点主要具有 $d_{x^2-y^2}$ 的轨道特征。因此我们判断这个平带也导致了 $d_{x^2-y^2}$ 轨道的范霍夫奇异性,从而对应于图 7-20(b)中的 PDOS 低于费米能级 -0.1 eV 具有峰值。

　　对于 LaFeAsO 来说,之前的研究结果表明 F 掺杂或者其他过渡金属的替代(如 Co、Ni)都会导致内嵌套空穴口袋的消失。我们跟 LaFeAsO 的费米面拓扑结果进行了比较,发现 ThFeAsN 与由于电子掺杂而导致了刚带平移的 LaFeAsO 很相似。因此,我们得出结论:ThFeAsN 可以类比于 LaFeAsO 的电子掺杂情况,电子掺杂可以通过 F 掺杂或者过渡金属的替代来实现,导致了费米能级附近的电子结构产生了微小差异。

　　为了进一步研究 ThFeAsN 的微观机制及费米面嵌套性质,我们运用最大局域化瓦尼尔函数的方法组建了 ThFeAsN 对应的紧束缚模型,在能量 -2.0 eV 到

2.5 eV 这个能量区间中以两个 Fe 原子为中心建立最大局域化 Wannier 函数。通过最大局域化瓦尼尔函数得到的能带结构图,如图 3-4 的虚线所示,从中可看出瓦尼尔函数对能带结构拟合地非常准确,特别是在费米能级附近的 0.5 到 0.5 eV,因为两个 Fe 原子满足群对称性,我们可以进一步利用点群对称得到拓展布里渊区的五轨道模型。

由于 ThFeAsN 的费米面具有高度二维性,我们可以忽略 k_z 的影响。基于该紧束缚模型,我们计算了能带的填充数 n,n 也是每个 Fe 原子中的电子数目。我们利用 $1000 \times 1000k$ 波矢,得到了 n 为 6.092,这非常接近 $LaFeAsO_{0.9}F_{0.1}$ 的 6.10。并且基于之前 Kuroki 的 LaFeAsO 紧束缚模型,在 $LaFeAsO_{0.9}F_{0.1}$ 内嵌套空穴口袋也消失了。因此,我们判断 ThFeAsN 非常类比于内嵌套空穴口袋消失的 $LaFeAsO_{0.9}F_{0.1}$ 情况,也就是对应 LaFeAsO 电子掺杂情况。

为了研究费米面嵌套的影响,我们可以讨论在 10/5 带模型的基础上的自旋磁化率。不考虑其他的因素,我们可以得到的磁化系数是 $\chi^0_{l\mu m,n\nu}(q) = -N/T \sum k \, G_{n\mu}(k+q)G_{m\nu}(k)$。但是当考虑它们之间存在相互作用之间后得到的自旋磁化率表示为

$$\chi^s(q) = \frac{\chi^0(q)}{[\boldsymbol{I} - \chi^0(q)\boldsymbol{U}^s]}, \chi^c(q) = \frac{\chi^0(q)}{[\boldsymbol{I} - \chi^0(q)\boldsymbol{U}^c]}$$

这里的 $\boldsymbol{I}$ 是单位矩阵,$\boldsymbol{U}^c$ 和 $\boldsymbol{U}^s$ 是由 U 和 J_H 构成的互动矩阵,J_H 是耦合的洪特规则,并且用 Kanamori 关系 $U' = U - 2J_H$ 来描述电子轨道之间的相互作用。

由于电荷磁化系数 $\chi^c(q)$ 是不重要的,在下面我们不做过多的描述,如图 7-23 中的(a)、(c)所示,不考虑相互作用的磁化率 $\chi^0_{l\mu m,n\nu}(q)$ 在展开/折叠的布里渊区 $(\pi, \pi)/(\pi, 0)$ 附近(包括对称的图像)有尖峰,对应于电子和空穴口袋之间对应的嵌套矢量,这也跟我们之前通过密度泛函计算获得的条纹磁基态相一致。通过计算我们也考虑了不同 U 和 J_H 的影响。当我们考虑更加大的相互作用的时候我们发现峰值在扩展/折叠的布里渊区 $(\pi, \pi)/(\pi, 0)$ 附近有明显增大,我们在图 7-23(b)、(d)中给出了 $U = 1.0$ eV 和 $J_H = 0.2$ eV 的结果,对比于没有掺杂情况,其中峰值明显增强。众所周知,在铁基超导材料中,在拓展布里渊区的 $(\pi, 0)$ 嵌套反映了条纹形的自旋涨落,这种自旋涨落会诱导 s± 超导配对,我们还计算了超导配对时的 Eliashberg 方程的特征值,我们发现了 s 波配对占主导地位。根据上面的讨论,我们明显发现了 ThFeAsN 和 LaFeAsO 在超导配对机制上也具有很大相似之处。但这一点是自然而然的结果,原因在于 ThFeAsN 在电子结构上和电子掺杂的 LaFeAsO 具有很大相似之处。

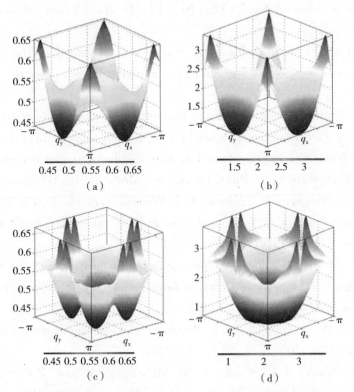

图 7 - 23　折叠和扩展布里渊区中的 $\chi_0(q)$、$\chi s(q)$特征值在 q 空间的分布

7.5　小　结

铁基超导体的相关研究是近年来凝聚态理论研究的热点问题之一。本章通过密度泛函计算等方法,研究了几种特殊简单结构的化合物(与之前广泛研究的铁基超导体结构相同),分析了它们的能带结构、自旋磁化率以及电声耦合等性质。结果显示这些化合物或者跟铁基超体具有相同的结构和电子性质,或者另具有其特殊的性质。对于它们的研究,能进一步加深我们对铁基超导体相关性质的理解,也为寻找新的超导材料提供一定的理论指导。

参考文献

[1] J Q Yan, S Nandi, B Saparov, et al. Magnetic and structural transitions in single crystals La$_{0.4}$Na$_{0.6}$Fe$_2$As$_2$[J]. Phys. Rev. B,2015,91,024501 .

[2] A Iyo, K Kawashima, S Ishida, et al. Superconductivity on Hole -

Doping Side of （$La_{0.5-x}Na_{0.5+x}$）Fe_2As_2 [J]. J. Am. Chem. Soc, 2018, 140, 369 -374.

[3] Y Gu, J O Wang, X Ma, et al. Single – crystal growth of the iron – based superconductor $La_{0.34}Na_{0.66}Fe_2As_2$ [J]. Supercond. Sci. Technol, 2018, 31, 125008 .

[4] H Wang, C Dong, Q Mao, et al. Multiband Superconductivity of Heavy Electrons in a $TlNi_2Se_2$ Single Crystal[J]. Phys. Rev. Lett, 2013, 111, 207001.

[5] H Wang, C Dong, Q Mao, et al. Superconductivity and disorder effect in $TlNi_2Se_{2-x}S_x$ crystals[J]. J. Phys. : Condens. Matter, 2015, 27, 395701.

[6] D A Wright, J P Emerson, B F Woodfield, et al. Low – Temperature Specific Heat of $YBa_2Cu_3O_{7-\delta}$, $0 \leqslant \delta \leqslant 0.2$: Evidence for d – Wave Pairing [J]. Phys. Rev. Lett, 1999, 82, 1550.

[7] H Yang, Y Lin. Low temperature specific heat studies on the pairing states of high – T_c superconductors: a brief review[J]. Journal of Physics and Chemistry of Solids, 2001, 62, , 1861.

[8] Z C Wang, Y T Shao, C Wang, et al. Enhanced superconductivity in ThNiAsN[J]. Europhys. Let, 2017, 118, 57004.

[9] C Wang, Z C Wang, Y M Mei, et al. A new ZrCuSiAs – type superconductor: ThFeAsN[J]. J. Am. Chem. Soc, 2016, 138, 2170.

[10] T Shiroka, T Shang, C Wang, et al. High – T_c superconductivity in undoped ThFeAsN[J]. Nat. Commun, 2017, 8, 156.

[11] Y Kamihara, T Watanabe, M Hirano, et al. Iron – Based Layered Super- conductor $La[O_{1-x}F_x]FeAs$ （$x = 0.05 \sim 0.12$）with $T_c = 26$ K[J]. J. Am. Chem. Soc, 2008, 130, 3296.

[12] M Rotter, M Tegel, D Johrendt. Superconductivity at 38 K in the Iron Arsenide （$Ba_{1-x}K_x$）Fe_2As_2[J]. Phys. Rev. Lett, 2008, 101, 107006.

[13] R Thomale, C Platt, W Hanke, et al. Exotic d – Wave Superconducting State of Strongly Hole – Doped $K_xBa_{1-x}Fe_2As_2$ [J]. Phys. Rev. Lett, 2011, 107, 117001.

[14] K Okazaki, Y Ota, Y Kotani, et al. Octet – line node structure of super- conducting order parameter in KFe_2As_2[J]. Science, 2012, 337, 1314.

[15] C H Lee, A Iyo, H Eisaki, et al. Effect of Structural Parameters on Su- perconductivity in Fluorine – Free $LnFeAsO_{1-y}$（Ln = La, Nd）[J]. J. Phys. Soc. Jpn, 2008, 77, 083704.

[16] K Kuroki, H Usui,S Onari,et al. Pnictogen height as a possible switch between high – T_c nodeless and low – nodal pairings in the iron – based superconductors[J]. Phys. Rev. B,2009, 79, 224511.

[17] Y Mizuguhci, Y Hara, K Deguchi,et al. Anion height dependence of T_c for the Fe – based superconductor [J].Supercond. Sci. Technol, 2010, 23, 054013.

[18] E Z Kuchinskii,I A Nekrasov,M V Sadovskii. Anion height dependence of T_c and the density of states in iron – based superconductors[J]. JETP Lett, 2010,91, 518.

[19] H Shishido, A Bangura, A Coldea,et al. Evolution of the Fermi Surface of on Entering the Superconducting Dome [J].Phys. Rev. Lett, 2010, 104, 057008.

[20] L Feng,Z Jian Zhou, W Wei – Hua. Electronic structure of the new Nibased superconductor KNi$_2$ Se$_2$ [J]. J. Phys. : Condens. Matter, 2012, 24, 495501.

[21] L Boeri, O V Dolgov, A A Golubov. Is LaFeAsO$_{1-x}$ F$_x$ an ElectronPhonon Superconductor[J]. Phys. Rev. Lett,2008,101, 026403.

[22] Y Kong,O V Dolgov, O Jepsen, et al. Electron – phonon interaction in the normal and superconducting states of MgB$_2$ [J].Phys. Rev. B, 2001, 64, 020501.

[23] Z R Ye, Y Zhang, F Chen, et al. Extraordinary doping effects on quasiparticle scattering and bandwidth in iron – based superconductors[J]. Phys. Rev. X,2014, 4, 031041.

[24] N Xu, C E Matt, P Richard, et al. Camelback – shaped band reconciles heavy – electron behavior with weak electronic Coulomb correlations in superconducting[J]. Phys. Rev. B,2015, 92, 081116.

[25] A Subedi,D J Singh, M H Du. Electron – phonon superconductivity in LaNiPO[J]. Phys. Rev. B,2008, 78, 060506.

[26] K Kuroki,S Onari,R Arita, et al. Unconventional Pairing Originating from the Disconnected Fermi Surfaces of Superconducting LaFeAsO$_{1-x}$ F$_x$ [J]. Phys. Rev. Lett,2008,101, 087004.

[27] G R Stewart. Superconductivity in iron compounds[J].Rev. Mod. Phys,2011,83, 1589.

[28] H Y Lu, N N Wang, L Geng,et al. Novel electronic and phonon –

related properties of the newly discovered silicide superconductor Li_2IrSi_3[J]. Europhys. Lett,2015,110, 17003.

[29] F Ma, Z Y Lu, T Xiang. Arsenic – bridged antiferromagnetic superexchange interactions in LaFeAsO[J]. Phys. Rev. B,2008, 78, 224517.

[30] F Hammerath, U Gräfe, T Kühne. Progressive slowing down of spin fluctuations in underdoped $LaFeAsO_{1-x}F_x$[J]. Phys. Rev. B,2013, 88, 104503.

[31] D J Singh, M H Du. Density Functional Study of $LaFeAsO_{1-x}F_x$: A Low Carrier Density Superconductor Near Itinerant Magnetism[J]. Phys. Rev. Lett,2008,100,237003 . [32]K Haule,J H Shim,G Kotliar. Correlated Electronic Structure of $LaO_{1-x}F_xFeAs$[J]. Phys. Rev. Lett. 100, 226402 (2008).

[33] T Miyake,K Nakamura,R Arita. Comparison of Ab initio Low – Energy Models for LaFePO, LaFeAsO, $BaFe_2As_2$, LiFeAs, FeSe, and FeTe: Electron Correlation and Covalency[J]. J. Phys. Soc. Jpn,2010,79, 044705.

图书在版编目(CIP)数据

新型过渡金属超导体电子结构与性质研究/杨阳著. —合肥:合肥工业大学出版社,2022.4
ISBN 978 - 7 - 5650 - 5702 - 1

Ⅰ.①新…　Ⅱ.①杨…　Ⅲ.①过渡金属化合物—超导体—电子结构—研究
Ⅳ.①O614

中国版本图书馆 CIP 数据核字(2022)第 047104 号

新型过渡金属超导体电子结构与性质研究

杨　阳　著　　　　　　　　　责任编辑　刘　露

出　版	合肥工业大学出版社	版　次	2022 年 4 月第 1 版
地　址	合肥市屯溪路 193 号	印　次	2022 年 4 月第 1 次印刷
邮　编	230009	开　本	710 毫米×1010 毫米　1/16
电　话	理工图书出版中心:0551 - 62903004	印　张	8.5
	营销与储运管理中心:0551 - 62903198	字　数	162 千字
网　址	www.hfutpress.com.cn	印　刷	安徽昶颉包装印务有限责任公司
E-mail	hfutpress@163.com	发　行	全国新华书店

ISBN 978 - 7 - 5650 - 5702 - 1　　　　　　　　　定价:42.00 元

如果有影响阅读的印装质量问题,请与出版社营销与储运管理中心联系调换。